趣味科学 系列

ENTERTAINING MECHANICS

趣味力学

[俄] 雅科夫·伊西达洛维奇·别莱利曼 / 著 赵丽慧 / 译

北京理工大学出版社
BEIJING INSTITUTE OF TECHNOLOGY PRESS

版权专有　侵权必究

图书在版编目（CIP）数据

趣味力学 /（俄罗斯）雅科夫·伊西达洛维奇·别莱利曼著；赵丽慧译. — 北京：北京理工大学出版社，2020.9
（趣味科学系列）
ISBN 978-7-5682-8700-5

Ⅰ. ①趣… Ⅱ. ①雅… ②赵… Ⅲ. ①力学—青少年读物 Ⅳ. ①O3-49

中国版本图书馆CIP数据核字（2020）第124240号

出版发行 /	北京理工大学出版社有限责任公司
社　　址 /	北京市海淀区中关村南大街5号
邮　　编 /	100081
电　　话 /	（010）68914775（总编室）
	（010）82562903（教材售后服务热线）
	（010）68948351（其他图书服务热线）
网　　址 /	http://www.bitpress.com.cn
经　　销 /	全国各地新华书店
印　　刷 /	大厂回族自治县德诚印务有限公司
开　　本 /	710毫米×1000毫米　1/16
印　　张 /	14.5	责任编辑/钟　博
字　　数 /	250千字	文案编辑/钟　博
版　　次 /	2020年9月第1版　2020年9月第1次印刷	责任校对/周瑞红
定　　价 /	46.00元	责任印制/施胜娟

图书出现印装质量问题，请拨打售后服务热线，本社负责调换

前言

雅科夫·伊西达洛维奇·别莱利曼（1882—1942年），俄国科普作家，趣味科学的奠基人。他没有什么重要的科学发现，也没有"科学家""学者"之类的荣誉称号，却为科普事业付出了自己的一生；他没有以"作家"的身份自居，却不比任何一位成功的作家逊色。

别莱利曼出生于俄国的格罗德省别洛斯托克市，17岁时在报刊上发表处女作。1909年，他毕业于圣彼得堡林学院，开始从事教学与科普作品创作，并于1913—1916年完成《趣味物理学》，为创作趣味科学系列图书打下了坚实的基础。

1919—1923年，别莱利曼亲手创办苏联科普杂志《在大自然的实验室里》，担任该杂志的主编。1925—1932年，他担任时代出版社理事，随后组织出版了一系列趣味科普图书。1935年，他创办和主持了列宁格勒（现圣彼得堡）"趣味科学之家"博物馆，组织了许多少年科普活动。

在反法西斯侵略的卫国战争中，别莱利曼为苏联军人举办了军事科普讲座——几十年的科普生涯结束之后，他将自己最后的力量奉献给挚爱的科普事业。在德国法西斯侵略军围困列宁格勒期间，1942年3月16日，这位对世界科普事业做出巨大贡献的趣味科学大师不幸辞世。

发射于1959年的无人月球探测器"月球3号"传回了月球背面照片，其中一座月球环形山后来被命名为"别莱利曼"环形山，作为全世界对这位科普界巨匠的永久纪念。

别莱利曼一生笔耕不辍，仅出版的作品就有100多部。他的大部分作品都是趣味科学读物，其中多部已经再版几十次，被翻译成多种语言，如今仍然在全世界出版发行，深受全球读者的喜爱。

所有读过别莱利曼趣味科学读物的读者，都为作品的优美、流畅、充实和趣味化而着迷。在他的作品中，文学语言与科学语言完美地融为一体，生活实际与科学理论也巧妙地联系在一起，他总是能把一个问题、一个原理叙述得简洁生动、精准有趣——读者常常会觉得自己不是在读书学习，而是在听各种奇闻趣事。

由别莱利曼创作的《趣味几何学》《趣味代数学》《趣味力学》《趣味天文学》和《趣味物理学》及其续篇，均为世界经典科普名著。该系列图书简洁生动、趣味盎然，很适合青少年阅读。它的最大特点是：在作者分析小故事的过程中，高深莫测的科学问题变得简单易懂，晦涩难懂的科学原理变得生动有趣，成功勾起了读者的好奇心和求知欲。

希望读者朋友们喜欢这套科普经典读物，并能从中收获快乐和知识！

目录

第一章　001
力学的基本原理

- 两只鸡蛋　/002
- 木马游记　/005
- 常识和力学　/006
- 基础力学　/008
- 风洞中的实验　/010
- 煤水车的原理　/011
- 惯性定律的正确理解　/014
- 作用力与反作用力　/017
- 关于两匹马的拉力读数　/019
- 先靠岸的游艇　/020
- 人与机车行驶的奥秘　/022
- 奇怪的铅笔　/024

- "克服惯性"的原理　/ 026
- 火车起动与匀速前进　/ 027

第二章　029
运动与力学

- 常见公式列表　/ 030
- 步枪的后坐力　/ 032
- 日常感知和科学的差异　/ 035
- 把大炮搬上月球　/ 037
- 海底射击能够成为现实吗　/ 039
- 地球能够被我们推动吗　/ 041
- 重心运动定律　/ 045
- 火箭的重心去哪儿了　/ 048

第三章　051
重力现象

- 悬锤与摆　/ 052
- 摆在水中时是怎样摆动的　/ 055
- 位于斜面会下滑的容器　/ 056
- "水平线"为什么不是水平的　/ 058
- 带磁性的山　/ 062

目录

- 水往高处流 / 064
- 铁棒停留的位置 / 066

第四章 069
下落与抛掷

- "七里靴"和"跳球" / 070
- "肉弹表演" / 075
- 飞过危桥 / 080
- 三条轨道 / 083
- 关于投掷石头的问题 / 086
- 与两块石头有关的问题 / 087
- 球可以飞到多高 / 088

第五章 089
圆周运动

- 向心力是什么 / 090
- 第一宇宙速度 / 093
- 超级简单的增重方法 / 095
- 存在安全隐患的旋转飞机 / 098
- 铁轨在转弯的时候为什么会倾斜 / 100
- 奇妙的赛道 / 103

- 飞行员看到的地平面 /104
- 弯弯的河流 /107

第六章　111
碰撞现象

- 对碰撞现象的研究 /112
- 碰撞力学 /113
- 有关皮球弹跳高度的几个问题 /117
- 两个木槌球之间的碰撞 /122
- 力在速度中 /124
- "胸口碎大石"的把戏 /127

第七章　131
有关强度的几个问题

- 用铜丝测量海洋的深度 /132
- 最长的金属悬垂线 /134
- 最结实的金属丝 /136
- 比金属丝更硬的头发丝 /138
- 自行车架为什么是空心管 /139
- 寓言《7根树枝》与力学原理 /142

第八章　145

功、功率与能

- 功的单位未告诉我们的东西　/146
- 怎样恰好做1公斤·米的功　/148
- 功的计算方法　/149
- 拖拉机的牵引力在何时最大　/151
- "活的发动机"与机械发动机　/152
- 100只兔子也变不成1头大象　/155
- 人类的"机器劳力"　/156
- 商人的伎俩　/161
- 让亚里士多德头疼的题目　/162
- 易碎物品的包装方法　/164
- 能量从哪里来　/166
- 真的有自动机械吗　/168
- 钻木取火　/170
- 弹簧的能去哪儿了　/175

第九章　179

摩擦力与介质阻力

- 雪橇可以滑多远　/180
- 关闭发动机后汽车可以走多远　/182
- 马车的轮子为什么不一样大　/183

- 机车与轮船的能量去哪儿了　/ 185
- 艾里定律和水流中的石块　/ 186
- 雨滴的下落速度　/ 189
- 物体越重，下落的速度就越快吗　/ 193
- 顺流而下的木筏　/ 196
- 舵的操作原理　/ 198
- 什么情况下你会被雨水淋得更湿　/ 200

第十章　203

自然界中的力学

- 格列佛和大人国　/ 204
- 河马为什么那么笨重　/ 206
- 陆生动物的身体结构　/ 208
- 巨兽终将灭绝　/ 209
- 人和跳蚤的跳跃能力　/ 211
- 大鸟和小鸟哪个更能飞　/ 213
- 从高处落下时不会受伤的动物　/ 215
- 树木为什么不能长到天上去　/ 216
- 伽利略眼中的"巨型"　/ 218

第一章

力学的基本原理

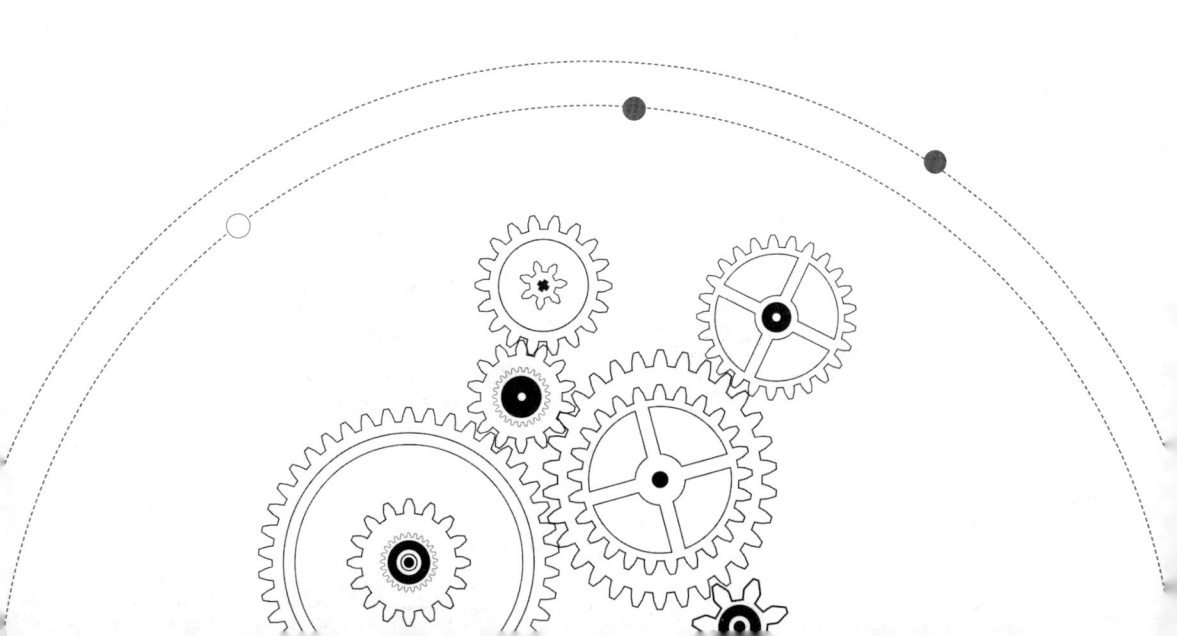

两只鸡蛋

和图1一样，两只手各抓一个鸡蛋，用其中一个鸡蛋去碰另一个。假如两个鸡蛋一样坚硬，碰的位置也一样，那么被撞碎的鸡蛋会是哪一个？是撞击的那个，还是被撞击的那个呢？

美国《科学与发明》杂志率先提出了这个问题。这本杂志还说，实验结果显示，在大多数情况下，碎掉的会是"运动的鸡蛋"，即"主动撞击的鸡蛋"。

杂志作出进一步说明："鸡蛋的外壳是一个曲面，相互碰撞的时候，被撞击的那个鸡蛋承受的压力在鸡蛋壳的外部。据我们所知，能够承受来自外

图1 哪个鸡蛋会碎掉

界较大压力的是拱形物体,但这一情况对'主动撞击的鸡蛋'而言正好相反。两者相撞的一刹那,'主动撞击的鸡蛋'中的蛋白和蛋黄会给它的外壳造成向外冲击的力量,而且拱形物体内部的抗压能力远远小于外部,因此'主动撞击的鸡蛋'的外壳就会破碎。"

很多人对此很感兴趣,一份报纸转载了这个问题,并且让广大读者提供答案,他们的回答可以说是丰富多彩。大多数人的答案和杂志说明的一样,觉得被撞碎的一定是"主动撞击的鸡蛋"。然而,另一部分人觉得"主动撞击的鸡蛋"肯定不会碎,并提供了充足的论据,听起来也很有道理。但我想说的是,上述对问题的分析都是错的。

事实上,"主动撞击的鸡蛋"和"被动撞击的鸡蛋"不存在任何区别。无论你们觉得哪一个鸡蛋会碎掉,都是不准确的。我们没办法说"主动撞击的鸡蛋"是动态的,"被动撞击的鸡蛋"是静态的,反过来同样如此。因为只有用某一个物体当参照物的时候,我们才能说另一个物体是运动的或者静止的。

大家都知道,地球在不停地运动,而不是静止不动。假如把它做的运动全列举出来,差不多有10种。因此,相对于"主动撞击的鸡蛋"和"被撞击的鸡蛋"而言,它们同样在不停地运动。况且,我们不知道究竟哪个鸡蛋在整个星际之间的运动速度更快。要想弄清楚两个鸡蛋的运动速度,恐怕要先把天文学方面的著作全翻一遍,才能明确它们正在做什么样的运动。然而,整个宇宙间的星球都处于不停的运动之中,对于整个银河系而言,这两个鸡蛋只是在相对运动而已。

问题分析到这里,我们才猛然意识到,讨论的话题已经涉及浩瀚的宇宙,而问题仍然存在。唯一值得肯定的是,分析的方向并没有错。

在对刚刚一系列问题进行研究的过程中,我们明白了一件事情:描述一个物体的运动状态时，一定要说明这个物体是相对哪一个物体而言的，否则就毫无意义。只是简单地说一种物体在做什么运动没有任何意义，运动最起码是对两个物体来说的，它们可能彼此靠近，也可能彼此疏远。

例如，碰撞的鸡蛋就是彼此靠近，然而最后哪一个会先破碎，这和我们之前假定的其中一个是静止状态，另外一个是运动状态什么关系都没有。特别要留意的是，两个鸡蛋在彼此慢慢靠近时会因为空气压力而产生一个破坏力。因此，一旦主动出击的鸡蛋忽然停下，鸡蛋里面的蛋黄和蛋白也会产生一个破坏力来破坏鸡蛋外壳。在后面，我们会对这一点进行详细讲解。

匀速运动和静止的相对性理论，是伽利略[①]在几百年前提出来的。这就是经典力学的相对论，和爱因斯坦的相对论不一样。直到20世纪初，爱因斯坦的相对论才被提出来。从某种意义上来说，爱因斯坦的相对论是经典力学的相对论的进一步发展。

[①] 伽利略·伽利雷（1564—1642年），意大利数学家、物理学家、天文学家。

木马游记

按照之前的分析，我们了解到，当一个物体保持静止时，假如这个物体四周的物体全部在向后方做匀速直线运动，那么从本质上讲，就相当于这个物体自身在做匀速直线运动。换一种说法就是："当物体静止时，物体四周的物体反方向做匀速直线运动"等于"物体在做匀速直线运动"。

当然，以上两种说法都不怎么准确，应该说："物体及其四周的全部物体都在相互做着相对运动"。即使到了现在，那些没学过力学的人还是不知道这一点。

《堂·吉诃德》的作者塞万提斯[①]虽然没有看过伽利略的著作，却在几百年前就已经对此有了一定认识。这一理念在他的作品中遍地开花，其中有一段描写如下：

骑士堂·吉诃德骑上木马，带着随从去旅行啦。

有人告诉他："骑上马以后，你们只需要扭动马脖子上面的那个机关就

---

① 塞万提斯·萨维德拉（1547—1616年），西班牙小说家、剧作家、诗人，代表作有《堂·吉诃德》。

行了，其他的什么都不用做，然后马就会飞起来，带着你们去找玛朗布鲁诺。记住了，你们一定要把眼睛蒙上，不然会头晕。"

于是，他们蒙上眼睛，堂·吉诃德扭动了机关。

过了一会儿，骑士觉得自己仿佛真的飞到了天上，简直比射出去的箭还要快！

"我的天呐，我是不是在做梦？"骑士对随从说，"我还是第一次坐这么稳的坐骑呢！我觉得身边的事物都在动，风就在耳边呼呼地吹。"

"没错！"随从桑丘附和着，"我觉得这边的风更大，仿佛同时有1 000个风箱在吹。"

事实上，的确有几个风箱在对着他们一直吹。

现在，我们在展览会或公园里看到的各种游乐设施，其原型就是塞万提斯在故事里设计的木马，设计依据是"不能将静止与匀速运动分割开来"的力学原理。

常识和力学

很多人会习惯性地觉得静止和运动是相对的，例如天和地、水和火，但在火车上睡觉时却不会计较火车是静止的还是在行驶中，因为他们根本不认为在某种程度上行驶中的火车是静止的，也不相信火车下的铁轨、大地与周边环境都在与火车做着相反的运动。

"依据我们的常识进行推断，司机也会有一样的想法吗？"爱因斯坦在阐述这个观点时说，"对司机而言，他唯一要做的就是控制机车的运转，因为工作对象是机车，而不是四周的景象。他大概觉得，一直在运动着的只是车，不是其他东西。"

上述说法貌似没什么问题，至于真实情况如何，还是先来看看下面这个假设的情景吧：

一辆火车正沿着一条由赤道铺设的轨道向西行驶，此方向与地球旋转的方向正好相反。四周的景象全部朝着火车的后方做着运动，火车之所以向前方行驶，好像就是为了不像它们那样向后方运动。也可以说，火车不断向前行驶，目的就是减慢向后方运动的速度。如果司机不想让火车和地球一起旋转，那么火车的速度必须大于或等于2 000千米/小时，即地球旋转的速度。

不用想也知道，火车行驶的速度怎么可能和地球旋转的速度一样快呢？即便是速度惊人的喷气式飞机，也根本不可能（如今，喷气式飞机的速度已经超过了2 000千米/小时）。

火车匀速行驶时，根本确定不了火车和周围的景象到底哪一个在运动，物质世界的构造决定了这一现象。无论在什么时候，物体都不会绝对地处于运动或者静止状态。我们唯一可以肯定的是，一个物体相对于另一个物体在做着怎样的运动。对于观察者而言，参与到某一物体状态中，并不会对观察物理现象和物体的运动规律产生任何影响。

基础力学

事实上，相对论并不适用于任何情况。接下来，我们可以想象一下这样的场景：如图2所示，两个射手站在一艘正在行驶的轮船的甲板上，互相用枪瞄准对方。两个射手所处的环境完全一样，那个背对船头的射手射出的子弹，一定比另外一个射手射出的子弹飞得慢吗？

图2　先射到对方身上的子弹会是哪个射手的

从客观上来说，假如把海面当作参照物，和静止不动的状态相比，背对船头的射手射出的子弹确实比另一个射手射出的子弹飞得慢。然而，这并不会对两个射手产生任何影响。站在船头的射手射出子弹的一瞬间，站在船尾的射手射出的子弹也朝他飞过来。假如轮船保持匀速行驶，船头射来的子弹减慢的速度就正好和船尾射来的子弹加快的速度抵消了。也就是说，从船尾射向船头的子弹正在追赶船头的人，船头的人却离子弹越来越远。因此，子弹加快的速度刚好和前者减慢的速度抵消了。

最终，我们得出一个结论：对子弹的目标而言，这两颗子弹的运动状态和在保持静止状态的船上完全相同。

但要注意的是，我们讨论的情况有一个前提，即轮船沿着直线行驶，并且保持匀速运动。

伽利略也曾在一部著作中提到过经典相对论。有趣的是，就是因为这本书，他差点儿被宗教裁判所绑在柱子上活活烧死。书中有一段描述：

如果你和朋友一起被关在一艘大船甲板底下的一间房里，这艘船一直在匀速行驶，你们都不知道它是在行驶还是静止不动。

如果你们在房间里跳远，那么跳出去的距离和船静止不动时跳出去的距离是一样的。船的行驶速度是快或者慢，对这个距离没有任何影响，不会因为朝船尾方向跳就远一些，也不会因为朝船头方向跳就近一些。从客观上来说，当你朝船尾方向跳时，甲板会在腾空而起的一刹那和船一起向你的后方行驶，这并不会产生任何影响。假如你将一个东西扔给朋友，无论你在什么位置，靠近船头或者靠近船尾，所花费的力气都不会因为船的行驶而产生任何变化。房间里飞来飞去的苍蝇也不会在船尾方向停留，而是与在静止的船上一样。

我们可以这样解释关于经典相对论中的一些问题："在一个体系中，无论

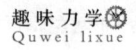

该体系保持静止,还是沿着直线保持匀速行驶,都不会对物体的运动特性产生任何影响。"

风洞中的实验

按照经典相对论原理,用静止代替运动,或者用运动代替静止,对我们来说司空见惯,因为这样能降低分析问题的难度。比方说,研究空气阻力对飞机或汽车在行进时所产生的影响时,我们往往会对与其"相反"的现象进行研究,即在静止状态下,飞机或者汽车所受到的运动气流对它们的影响。

最常见的做法是:和图3一样,将一个很大的管子安装在实验室里,让这个管子产生一股强大的气流,然后观察这股气流对静止状态下的飞机或者汽车模型产生什么样的影响,最终得出的结果与实际情况完全相符。尽管空气一直静止不动,飞机或汽车却始终在高速行驶。

如今,我们已拥有很多巨大的风洞,可以轻而易举地放下带螺旋桨的飞机或中等大小的汽车,不再需要飞机和汽车的模型。在风洞中,空气的速度非常快,甚至比得上声音的速度。

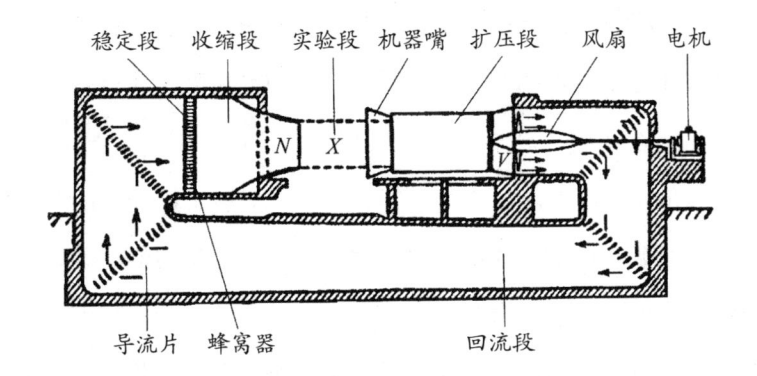

图 3　风洞的纵向截面图

煤水车的原理

有一个发生在铁路上的著名案例，与经典相对论有关。你们知道吗？老式蒸汽机车的车头后方经常会挂一节装有煤和水的车厢。当机车高速行驶时，我们照样可以加水。它的工作原理简单而巧妙，即将正常状态下的现象转换过来。

如图 4 所示，将下部弯曲的管子直插进水里，并将弯曲部分的开口朝着水流的方向，我们给这根管子取名为"毕托管"。水流进管子，最终进入毕托管，管子里的水面甚至超过了整个水池的水面。管子里的水面高度取决于水流的速度，速度越快，水面就越高。铁路工程师想到了一个办法，就是把这个现象反过来，将管子的弯曲部分放进静止的水里，让管子移动，于是管子里的水面就会超过水池里的水面。这里用到的便是用静止代替运动，用运动代替静止。

火车经过某一个车站时，往往不需要停下，为装有煤和水的车厢加水的工作照样可以完成。如果你仔细观察，就会发现一些车站的两条钢轨中间有一条长长的水槽（图4）。这节车厢的底部有一根弯曲的管子，而管子的开口方向就是火车的行驶方向。如图4所示，火车经过车站时并没有停下，仍然在快速行驶，水槽里的水却顺着弯曲的管子流到了这节车厢里。

毕托管法：在两条铁轨之间有长长的水槽，将车厢底下的一根管子浸在水槽中。

火车的运动方向

工作原理：把水管放进有水流动的水槽里，当水管的水平面高于水槽的水平面时，行驶中的火车就会自动加水。

图4 怎样为疾驰的车厢加水——两条钢轨之间有一条长长的水槽，就在煤水车底下

不得不承认，这个方法实在太高明了。那么，水面到底会升到什么高度呢？此处要用到水力学的相关知识，它是专门用来研究液体运动规律的一门学科。水力学中有一条定律：毕托管中的水能够升到的高度，与用水流的速度垂直向上抛掷物体的高度应该是相等的。假如将摩擦、涡流等因素的影响忽略不计，我们可以用下面的式子得出这个高度：

$$H = \frac{V^2}{2g}$$

其中，V代表水流的速度，g代表重力加速度，一般为9.8米/秒^2。在前面提到的装有煤和水的车厢中，水流的速度和火车的速度相同。也可以说，水流的速度其实就是火车的速度。假设火车的速度为36千米/小时（10米/秒），毕托管中的水面高度就是

$$H = \frac{V^2}{2g} = \frac{10^2}{2 \times 9.8} \approx 5（米）$$

根据此式能够得出，水面的高度达到5米时，火车的速度只需要达到36千米/小时就行了。就算因为摩擦、涡轮等因素的影响而耗损了一定的能量也不要紧，实际高度完全能为装有煤和水的车厢加水。

惯性定律的正确理解

我们在前面几节详细研究了运动的相对性，对它有了一定的了解，接着分析运动的由来，即力的作用。先来看看力的独立作用的定律，即一个力作用于物体的效果，与物体自身的运动状态，以及其他的力所产生的作用都没有任何关系。

牛顿第三定律是经典力学研究领域的理论基础，它从牛顿第二定律的基础上推导而来。在牛顿三定律中，惯性定律是第一定律，作用力和反作用力相等定律则是第三定律。

至于牛顿第二定律，我们会在后面仔细讨论。此处先简单介绍一下牛顿第二定律，这样讨论起来更方便、更简单。

牛顿第二定律的主要内容是：用加速度来衡量速度的变化，它的大小和作用力成正比，方向则和作用力的方向一样。在一般情况下，我们会用下面的公式来表示：

$$F=ma$$

其中，F 代表作用在于物体上的力；m 代表物体的质量；a 代表物体的加速度。

很明显，公式中总共有三个量，其中物体的质量 m 最难理解。很多人会把质量和重力弄混，其实这是两个截然不同的概念。对于不同的物体，我们可以通过在同一个力的作用下得到的加速度来比较它们的质量。据上式可得，在同一个力的作用下，物体得到的加速度越小，它的质量就越大。

如果你未曾学过物理学，得出的结论往往会与惯性定律相反。在牛顿三定律中，最好理解的就是惯性定律。但即使如此，产生误解的人仍然不在少数。

例如，很多人认为惯性即"物体在受到外力作用之前所保持的状态"。这种说法当然是错误的，它要表达的是，假如没有原因，任何事情都不会发生，即物体会一直保持最初的状态。但是，惯性定律说的是物体静止和运动两种状态，针对的并不是物体的所有状态。

其实，惯性定律的含义应该这样解释：在有外力作用于物体之前，它会一直保持着静止或匀速直线运动的状态，此处所说的物体是指所有的物体。

换句话来讲，假如一个物体

· 突然变成运动状态的时候；

· 由直线运动变成非直线运动，或由直线运动变成曲线运动的时候；

· 运动变慢、变快或停止的时候，

我们得到的结论都是一样的：有外力作用于这个物体。

然而，在这个运动的物体身上，假如以上三种情况中的任意一种都没有发生，那么无论该物体的运动速度有多快，都无法说明它受到外力的作用。需要格外注意的是，只要物体保持匀速直线运动，就意味着没有任何外力作用于它。也可以说，所有作用于该物体的力是相互均衡的。

该观点和古代的思想家，尤其是在伽利略之前的思想家很不一样，这便是现代力学。据此还可以看出，很多时候，"惯常思维"和"科学思维"有天坏之别。

针对刚才的讨论，我们需要对其中一点作出说明，固定不动的物体受到的摩擦力又叫外力，它会阻止物体的运动。

还有一点需要特别强调，物体只是保持静止状态，永远不可能出现趋于保持静止状态的情况。它们之间的区别，好比一个从不出门的人和一个几乎不在家、有事就往外跑的人的区别。物体不是"一个从不出门的人"，而具有高度的活动性，只需一个非常微小的力量，它就会运动起来。

现在，你明白我们不能说物体趋于保持静止状态的原因了吧？物体一旦脱离原本的静止状态，就无法自动回到原本的静止状态，而是在之前微小力量的作用下一直不停地运动。

另有一种普遍的观点，有人觉得"物体会对作用在它身上的力产生抗拒"。很明显，这个观点是错误的。举个简单的例子，当我们往茶杯里的茶中放糖时，茶会产生阻碍作用吗？

在物理学和力学的课本中，有很多不严谨的说法。例如，"趋向于"这三个字多次出现，对惯性的很多误解即源于此，这种说法对正确理解牛顿第三定律是不利的。

作用力与反作用力

当我们开门的时候，肯定要把门上的把手朝自己拉过来，经过手臂上肌肉的收缩，让它和我们的身体靠近。这时，门也会产生相同的力，从而使我们的身体和门相互靠近。很明显，此时一共有两个力在我们的身体和这扇门之间发生作用，其中一个力作用于门上，另一个则作用于我们的身体。这种情况是在门朝着我们打开时发生的，假如情况反过来，当我们想推开一扇门时，力会推开门和我们的身体。

刚刚讲到了肌肉的力量，从本质上来讲，肌肉的力量和其他的力没什么区别，都会对物体产生作用，而且无论什么力，都会同时向两个相反的方向发生作用。换句话说，力拥有两个方向完全相反的头，一头在发力的物体上产生作用，另一头则在受力的物体上产生作用。力学在解释这个观点时只是轻描淡写，因此很多人并不理解其中包含的意义，即"作用力等于反作用力"，这便是牛顿第三定律。它要表达的是：宇宙中所有的力都是成对存在的，所有表现出来的力都有一个与其相等、方向相反的力，而且这两个力必定于两点之间发生作用，使其互相接近或彼此分开。

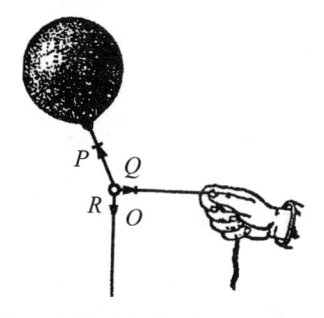

图5 作用于气球下方的挂坠上的力分别是P、Q、R，请问：它们的反作用力分别在什么地方

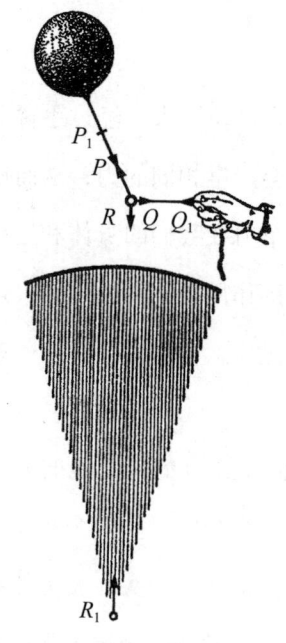

图6 P、Q、R的反作用力分别是P_1、Q_1和R_1

在图5中，气球的下方共有三个力，分别为P、Q和R。其中，P为气球的牵引力，Q为绳子的牵引力，R为挂坠的重力。三个力貌似均独立存在，但这只是表面现象，其实它们各有一个和它们相等却方向相反的力。

说得再细一点就是，气球的牵引力P有一个加在拴气球的线上的相反的力P_1，绳子的牵引力Q有一个加在手上的相反的力Q_1，挂坠的重力R则有一个加在地球上的相反的力R_1。原因是挂坠一边受到地球的吸引，一边对地球产生吸引。这几个力的位置如图6所示。

需要留意一点：假如分别对一根绳子的两端施加一个1千克的力[1]，并朝两端的反方向拉，那么它的张力会是多少呢？问这个问题和问一张10分邮票的价值没什么区别，答案就在问题中：绳子的张力也是1千克。以下两种说法："绳子的两端分别有一个1千克的力在反方向拉绳子"和"绳子的张力为1千克"，其实是相同的意思，因为这根绳子

---

[1] 注：如今千克力已不属于法定计量单位，1千克力指的是1千克的物体所受的重力。

只有两个作用于绳子上的、方向相反的、1千克的张力，不存在其他张力。如果在思考问题时忽略了这一点，就会得出一个错误的结论。

关于两匹马的拉力读数

【问题】我们来看一下图7，两匹马分别用100千克的力朝相反的方向拉一个弹簧秤。那么，弹簧秤显示的数目会是多少呢？

【回答】很多人大概会说：100+100=200（千克），因此弹簧秤的读数是200千克，这个回答是错误的。由前一节的分析可以得出，这两匹马朝反方向拉动弹簧秤时用的力都是100千克，所以张力应该是100千克，并不是200千克。

图7　假如每匹马各自用100千克的力拉，请问：弹簧秤显示的数目是多少

正因为如此，假如在马德堡半球的两边各有 8 匹马向相反的方向拉此球，那么这两个半球受到的拉力就不是 16 匹马的力量，而是 8 匹马的力量。如果没有反方向上的那 8 匹马，另一个方向上的 8 匹马便对半球毫无作用。事实上，如果把另外一边的 8 匹马换成一堵非常坚固的墙，也会得到相同的结果。

先靠岸的游艇

【问题】我们来看一下图 8，湖里有两艘一模一样的游艇，它们与码头的距离相等，并同时驶向码头。两艘游艇上分别有一个人，他们各拉着一条绳子，使劲把游艇朝码头的方向拉去。唯一的区别是，一艘游艇的绳子系在码头的一个铁柱上，另一艘游艇上的绳子则在码头水手的手中。

如果游艇上的两个人和码头水手用的力气一样大，请问，先到达码头的游艇会是哪一艘呢？

【回答】看到这个问题的第一眼，有的人也许会觉得，两个人同时拉的力气更大，游艇的速度就更快，所以先到达码头的游艇一定是两个人拉着的那艘。换句话说，两个人拉游艇，它就会同时得到两倍的力量，真的是这样吗？

从表面上看，两个人是用同样的力量将绳子拉向自己，但事实上，对绳子的张力来讲，这只相当于一个人的力量。这个绳子的张力等于一个人拉的那艘游艇的绳子的张力。因此，对这两艘游艇而言，它们所受的拉力完全相等，最终会同时到达码头。

也许，有的读者并不赞同这个观点。用绳子拉着游艇驶向码头时，无论是一个人还是两个人，都要往回收绳子，在时间相同的情况下，两个人肯定比一个人收得多，因此先靠向码头的游艇是两个人拉的那艘。这个分析似乎也说得通，实际上却是错误的。如果想要游艇的速度加倍，在两边拉绳子的两个人只能使出更大的力气。然而根据题目的条件，这三个人耗费的力气相等，由此可知，绳子受到了相等的张力。因此，两艘游艇会保持相同的速度同时到达码头。

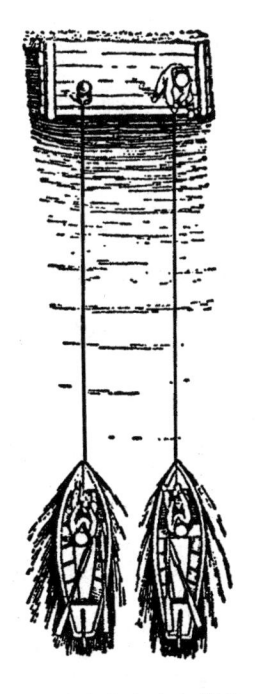

图 8 先靠岸的会是哪艘游艇

人与机车行驶的奥秘

在日常生活中，这样的事情比比皆是：作用力与反作用力的对象是同一个物体，只有作用的点不同。肌肉的张力或机车气缸中的蒸汽压力，就是我们常说的"内力"，它们的特点如下：通过物体本身互相连接的部分进行传导，从而改变物体各部分的位置，却无法使物体的各个部分做同一项运动。例如，当我们用步枪射击的时候，子弹会被火药燃烧所产生的气体推到正前方，步枪却被气体产生的压力向后推出，即我们经常谈到的"后坐力"。火药所产生的气体压力作为一个内力，它不可能让子弹与步枪在同一个时刻做向前或者向后的运动。

内力既然无法使物体的各部分做同样的运动，那么，我们步行时进行的是什么运动呢？机车又是怎样行驶的呢？也许有人会说，步行靠的是人的脚和地面之间的摩擦力，车辆行驶靠的则是车轮和钢轨之间的摩擦力。步行或机车的运动自然无法离开摩擦，但这种说法并没有解开疑惑。在冰上行走时，想要迈开步子非常困难，这是我们每个人都有过的体验。同样的道理，如果钢轨和机车的车轮之间太光滑了，就会导致机车打滑，不管轮子如何转动，机车都不可能前进一步。我们举的例子都与摩擦力的阻碍运动有关，那么，摩擦力究竟是怎样帮助人们或机车运动的呢？

其实，这算不上什么秘密。假如有两个内力同时作用在一个物体上，那么这个物体绝不会运动。原因是，这两个内力只会让物体的每个部分散开或靠拢。如果现在还有另外一个力，那么第三个力就会被其中一个力抵消。接下来，我们会看到什么变化呢？此时，物体会被另一个力推着前进。摩擦力抵消了其中一个内力，另一个内力才能推动物体前进，所以这一切都是摩擦力的功劳。

假如脚下是一片极其光滑的平面，比如冰面，我们只有用力地向前迈动脚步才能前进。由图9可知，在身体各个部分发生作用的也许并不只有一个内力，但是按照作用力等于反作用力的定律，当这些力作用在我们的脚上时，它们总会以两个力的形式产生作用。其中一个力用F_1表示，它可以让右脚向前运动；另一个力用F_2表示，它和前面的F_1大小相等，方向却相反，可以让左脚向后运动，于是两只脚会分开，一只在前，一只在后。但是我们身体的重心没有移动，还在原地。假如我们的左脚站在比较粗糙的地面上，同样

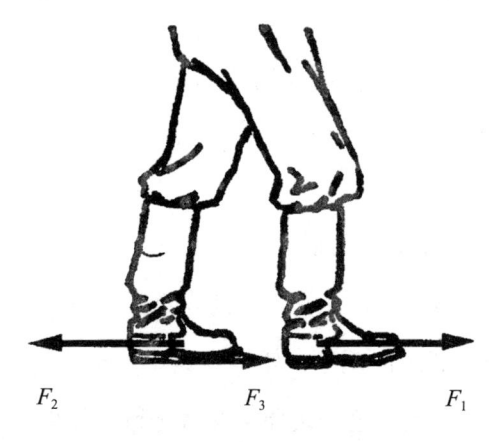

$F_2 \qquad F_3 \qquad F_1$

图9 F_3让走路成为可能

的情况就不会发生了。此时，作用于左脚的力 F_2，正好和作用于左脚底下的摩擦力 F_3 相等。换句话说，F_3 和 F_2 抵消了。于是，右脚就在作用于右脚上的力 F_1 的推动下向前运动，那么我们身体的重心也会随之向前移动。其实，当我们步行时，脚在向前伸出的一刹那即已脱离地面，脚与地面之间的摩擦就不存在了。可是，另外一只脚还在地面上站着，和地面之间的摩擦仍然存在。这样一来，站在地面的这只脚产生的摩擦力就会成为另外一只脚向后滑动的阻力，我们就可以向前行走了。

机车的情况略微复杂，但道理是一样的。机车的主动轮上也有一个摩擦力，它会和其中一个内力相互抵消。因此，机车会被它的另外一个内力推动着向前运动。

奇怪的铅笔

像图10那样，在伸出的两根食指上放一支铅笔，记住手一定要保持平衡。慢慢地移动这两根手指，让它们彼此靠近，并且将手始终保持在水平状态。你会发现一个有意思的现象：铅笔在其中一根手指上滑动一段时间后，又在另外一根手指上滑动，这种现象会交替进行。如果把铅笔换成长长的木棒，那么轮流滑动的频率会更高。

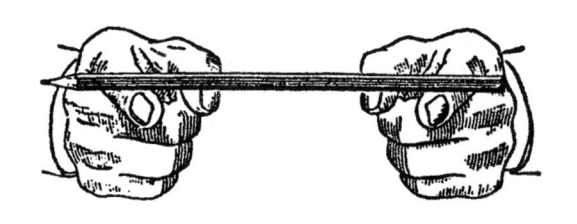

图10 当两根手指靠近时，铅笔会交替地向左、右两个方向滑动

我们应该怎样对这个有意思的现象进行说明呢？

对此作出说明的时候，无可避免地会用到力学上的两个定律，即库仑－阿蒙顿定律和"当物体滑动时，摩擦力比它静止时要小"的定律。那么，库仑－阿蒙顿定律到底是什么呢？它是一个能够计算出摩擦力大小的定律：物体开始滑动时，摩擦力 T 等于一个系数 f 与物体施加在这个点上的压力 N 的乘积，即下面的公式：

$$T=fN$$

其中，系数 f 代表的是互相摩擦的两个物体的特点。

接下来，我们就利用这两个定律对刚才的现象进行分析。铅笔虽然最初在两根食指上架着，可是它对每根手指的压力各不相同，其中一根手指上的压力肯定更大。压力大即意味着这根手指上的摩擦力大，我们可以根据刚刚提到的库仑－阿蒙顿定律得出这一结论。于是，铅笔的运动会被摩擦力所阻碍，让它无法在压力比较大的那根手指上移动。铅笔滑动一段时间后，重心的位置发生变化，慢慢靠近刚刚滑动的支点，这个支点上的压力就会增加，当这个支点上的压力等于另一个支点上的压力时，铅笔便会一直停留在这个支点上。换句话说，铅笔之所以停止运动，是因为作用在它上面的力变大了。此时，如果继续向手指靠近，另一根手指就变成了滑动支点，铅笔会继续滑动。因此，在两根手指彼此靠近的过程中，滑动支点会交替变化，铅笔便会在这两根手指上向两边交替滑动。

"克服惯性"的原理

我们再来看一个非常容易被人们误会的现象，并研究一下它产生的原因。现实生活中常会听到如下谈论：如果想要一个静止的物体开始运动，最重要的是"克服"该物体的"惯性"。然而，刚才的分析结果显示：无论是什么物体，都不会对作用在它上面的力产生抗拒。那么，这里的"克服"到底是什么意思呢？

"克服惯性"的含义应该是：相对任何物体来讲，在让它得到一个初速度之前，首先要给予充足的时间。不管是什么力，它能大到什么程度，都绝不可能让物体瞬间达到我们所需要的速度，就算该物体的质量非常小，也没有这种可能。我们会在后面介绍 $Ft=mv$ 这个公式，并得出上面的结论。读者大概对这个公式很熟悉，并由此可知：假如时间 $t=0$，就一定会有 $mv=0$。可是，物体的质量 m 绝不会是 0，因此只有一种可能，那就是速度 $v=0$。换句话说，假如没有给力提供产生作用的时间，物体不会得到任何速度，更不可能产生运动。这个时间和物体的质量成正比，物体的质量比较大，所需的时间就会比较长，这样物体的运动才会比较明显。物体并不是立刻开始运动，所以有时我们会觉得物体好像对力的作用有所抗拒。现在，你知道我们为什么会产生错觉了吧？就是因为这一点，很多人会误以为物体在受到力的作用，开始运动之前，必须先"克服惯性"，或者说"克服惰性"。

火车起动与匀速前进

看完上面的内容后，一些读者会有这样的疑问：在铁轨上起动一辆火车，为什么比让它保持匀速前进要难得多？

事实上，这并不只是简单和容易的问题。假如我们不给火车提供足够大的力量，火车压根儿就无法起动。如果润滑程度比较好，保持火车的匀速行驶所需的力仅为15千克，但想要起动它，这个数字就会变成60，甚至更大。怎么回事呢？先不谈前面讲到的：要想起动火车，必须在最开始的几秒钟内给它一个外力，让它达到一个初速度。还有另一个因素：火车在处于静止和处于运动的状态下，它的润滑情况是不同的。在从静止状态变成运动状态的过程中，车轮轴承上面的润滑油分布得不够均匀，起动火车自然相当困难。随着车轮开始转动，润滑情况有了明显的改善，保持以后的运动就变得容易多了。

第一章

运动与力学

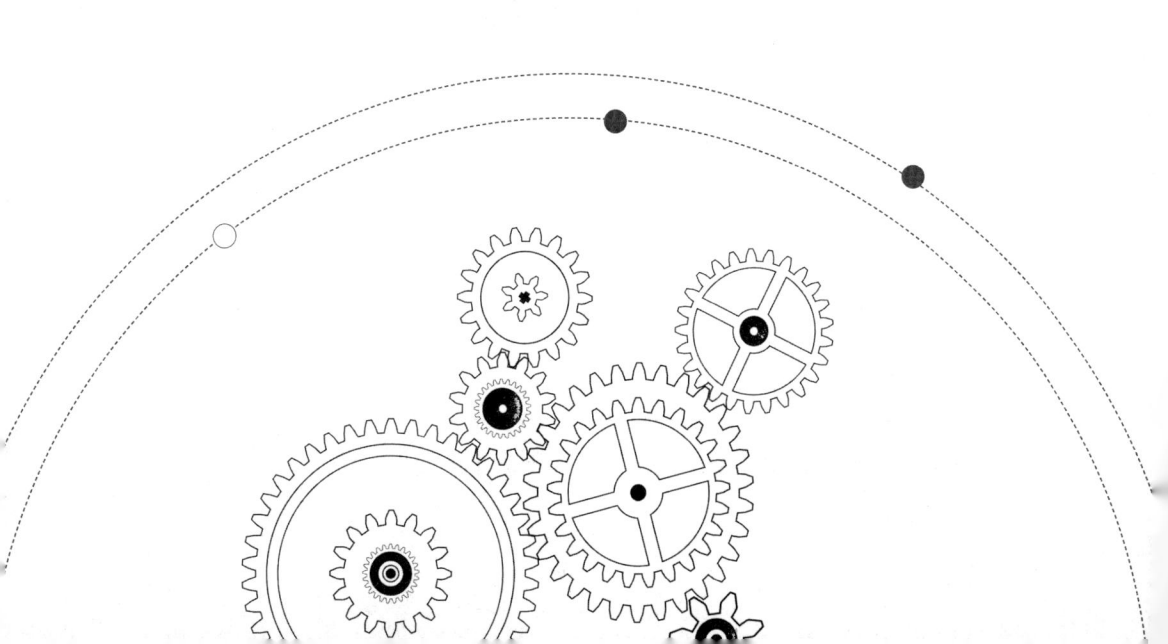

常见公式列表

在本书中，我们会学到很多力学公式。很多人已经学习过，不过早就忘得差不多了，所以我把一些重要的公式列在表 1 中，这样查阅起来非常方便。按照乘法表的规则，两个栏头中两个量的乘积都写在了交叉栏里。在力学课本里，读者可以找到这些公式的论证。

表 1　重要的公式

	速度 v	时间 t	质量 m	加速度 a	力 F
距离 S	—	—	—	$\dfrac{v^2}{2}$（匀加速运动）	功 $A=\dfrac{mv^2}{2}$
速度 v	$2aS$（匀加速运动）	距离 S（匀速运动）	冲量 Ft	—	功率 $W=\dfrac{A}{t}$
时间 t	距离 S（匀速运动）	—	—	速度 v（匀加速运动）	动量 mv
质量 m	冲量 Ft	—	—	力 F	—

接下来，我们就用几个例子来展示一下表 1 的使用方法。

在匀速运动中，距离 S 等于速度 v 与时间 t 的乘积，也就是

$$S=vt$$

假如力的作用方向与物体的移动方向一致，那么该力 F 与距离 S 的乘积就是它所做的功 A，而且，功 A 还和 m 与速度平方的乘积的一半相等，也就是

$$A=FS=\frac{mv^2}{2}$$

特别需要注意的是，在此公式当中，力的方向与距离的方向必须是相同的。如果力的方向与距离的方向不同，功 A 就要用下列式子来计算：

$$A=FS\cos\alpha$$

其中，α 为这两个方向之间的夹角。除此之外，假设物体的初速度不为 0，而为 v_0，那么，前面的公式在这里也不适用，而应该用下面的公式：

$$A=\frac{mv^2}{2}-\frac{mv_0^2}{2}$$

继续来看表 1。据我们所知，乘法表除了可以得到乘积之外，还能得出除法的结果。相同的道理，我们可以在表 1 中找出这样的关系。

用匀加速运动的速度 v 除以时间 t，得到的就是加速度 a：

$$a=\frac{v}{t}$$

假如我们用力 F 除以质量 m，同样能够得到加速度 a，反过来，用力 F 除以加速度 a，得到的就是质量 m：

$$a=\frac{F}{m},\ m=\frac{F}{a}$$

在力学题中，我们经常要计算加速度。含加速度 a 的公式全都在表 1 里，也就是

$$aS=\frac{v^2}{2}, \quad v=at, \quad F=ma$$

由此可以得出

$$t^2=\frac{2S}{a} \text{ 或 } S=\frac{at^2}{2}$$

于是，我们就能按照题目的要求，找到适合它的公式了。

如果我们想得出力 F 的所有公式，别着急，去表 1 中找就可以了：

$$FS=A, \quad Fv=W, \quad Ft=mv, \quad F=ma$$

需要强调的是，假设物体的重力是 P，一列出公式 $F=ma$，立刻就会联想到公式 $P=mg$，其中，g 为地面的重力加速度。相同的道理，一列出公式 $FS=A$，脑子里就会浮现出公式 $Ph=A$，其中，h 为重物提起的高度。用这个式子，可以计算出将重力是 P 的物体升到高度 h 时，该物体所做的功。

在表 1 中，空格指的是两个量的乘积无任何物理意义。

步枪的后坐力

我们在前面提到过，用步枪射击时，步枪会产生后坐力，现在就来探讨一下这个问题。来看一下图 11，当枪膛里的火药燃烧时，气体膨胀产生的压

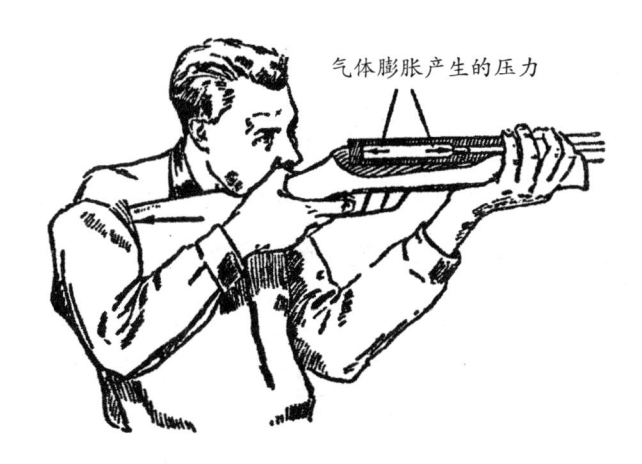

图 11　步枪射击的时候为什么会产生后坐力

力在将子弹推出去的同时，也会产生反方向的推力，这就是步枪的"后坐"现象。那么，在后坐力的"帮助"下，步枪的最大运动速度会是多少呢？由之前讲到的作用力与反作用力相等的定律可知，气体膨胀对子弹产生的作用力应该和它对步枪的压力相等，并且这两个力是同时发生作用的。我们可以在表1里找到这样的公式：

$$Ft=mv$$

意思就是，动量 mv 等于力 F 与时间 t 的乘积。这就是物体从静止状态转变为运动状态的时候，动量定律的表达式。对这个定律来说，最常见的解释如下：在一定的时间 t 里，物体的动量发生了变化，这个变化的量与时间 t 里作用在这个物体上的力 F 的冲量相等，也就是

$$mv-mv_0=Ft$$

其中，v_0 为物体最初的速度。对子弹与步枪而言，Ft 是一样的，因此它们的动量相同。假设 m 为子弹的质量，v 为子弹射出去的速度，M 为步枪的质量，V 为步枪的速度，就可以得出以下公式：

$$mv = MV$$

即

$$\frac{V}{v} = \frac{m}{M}$$

通常情况下，步枪子弹的质量 m 为 9.6 克，它发射出去的速度 v 等于 880 米/秒，步枪的质量 M 则为 4 500 克。将这些数值代入上面的公式中，可以得出：

$$\frac{V}{880} = \frac{9.6}{4\,500}$$

结果是

$$V \approx 1.9（米/秒）$$

即步枪的速度 V 为 1.9 米/秒。比较后可以知道，步枪的速度约为子弹速度的 $\frac{1}{470}$。也就是说，在动量相同的情况下，步枪后坐产生的破坏力仅只是子弹的 $\frac{1}{470}$。需要特别注意的是，对于一个不会射击的射手，此后坐力产生的冲撞会非常强烈，甚至会把射手给撞伤。

速射野战炮的质量为 2 000 千克，发射 6 千克的炮弹时速度可以达到 600 米/秒。经过计算能够得出，此炮后坐的速度与之前的步枪相差无几，为 1.8 米/秒。可是，此炮非常重，因此它进行运动产生的能量约为步枪的 450 倍。当旧式大炮发射炮弹时，整座大炮都会和它一起往后退。现代的大炮对此进行了改进，把炮尾的最后一端固定在炮架上，发射后只有炮筒跟着向后退。海军的舰炮同样如此，发射的时候，整座大炮也会跟着向后退。但是，这种大炮使用了一种特殊的装置，可以让炮筒后退以后自动恢复到之前的位置。

读者朋友们应该已经留意到，在前面的例子中，动量相等并不意味着物体的能量也相等。通过式子 $mv=MV$，我们无法得出式子 $\dfrac{mv^2}{2}=\dfrac{MV^2}{2}$，这一点毋庸置疑。

将两式相除，我们便能够得出结论，以上公式成立必须满足一个条件，即 $v=V$。力学知识匮乏的人常常会错误地认为只要动量相等，就意味着它们的能量也相等。一些发明家也犯过同样的错误，更不用说普通人了。他们认为，功相等，产生的冲量就一定相等，并得出一个结论：想让机器工作，也就是做功，只需要耗费极少的能量。看到了吧，没有掌握充足的力学基础知识，是当不了发明家的。

日常感知和科学的差异

进行力学研究的时候，我们经常会碰到很多稀奇古怪的事情。这些事情看似奇怪，其实非常简单，只是科学的解释与人们的感知完全是两码事。下面来看一道题：如果同一个物体持续受一个力的作用，那么此物体做的是什么样的运动呢？我们可能会主观地认为，该物体的速度会保持不变，即该物体做匀速运动。相反，如果一个物体持续做匀速运动，我们往往会觉得肯定有某个力不停地作用在它身上。比如，大车和机车就是这样运动的。

对此，力学中有着完全不同的观点。据我们所知，在力学中，如果一个力不停地作用于一个物体，那就说明此物体正在做加速运动，而不是匀速运动。其原因是，在物体原有速度的基础上，作用力会源源不断地给它提供新的速度。但如果物体正在做匀速运动，就可以断定它没有受到任何力的作用，否则它做的不会是匀速运动，而是其他形式的运动。

我们的感觉为什么会出现错误呢？

其实，这只是我们在非常有限的范围里发生的错误，不能对日常观察完全给予否定。我们日常观察到的物体运动，必然会受到摩擦或介质产生的阻力。可是，力学定律中所研究的物体的运动都是自由的。换句话说，物体如要在摩擦力或者介质的阻力下进行匀速运动，必须受到一个连续不断的力。但是，物体的运动并不是这个力的功劳，它其实只是一个克服了阻力的摩擦力而已。这个力为物体的自由运动创造了条件，和我们在图12中看到的一样。在摩擦力存在的情况下，如果物体在做匀速运动，那就说明它确实受到了一个持续不断的力的作用。

图12 牵引力克服了阻力，火车才能前行

把大炮搬上月球

【问题】在地球上，我们完全能够以 900 米/秒的初速度将大炮的炮弹发射出去。假设把大炮架在月球上，忽略空气对炮弹速度的影响，请问这门大炮射出炮弹的初速度最大是多少？（已知物体在月球上的重力仅是在地球上的 $\frac{1}{6}$。）

【回答】很多人经常会给出这样的答案：无论在地球上还是在月球上，火药爆炸的力量都是一样的。然而，在月球上时，炮弹的重力仅是地球上的 $\frac{1}{6}$，因此炮弹的速度比在地球上的速度大得多。意思是说，炮弹在月球上的速度是在地球上的 6 倍，即 900×6=5 400（米/秒）。也就是说，炮弹在月球上时，它的速度会达到 5.4 千米/秒。这个回答貌似没有任何问题，实际却是错的。

我想说的是，在力、质量与加速度三者之间，根本没有前面提到的这种关系。在牛顿第二定律的表达式中，只有物体的质量与力和加速度有关，即 $F=ma$。对炮弹而言，它的质量始终保持不变，这和它所处的位置毫无关系。

火药爆炸时的力量相等，因此炮弹射出去时它的加速度也是一样的。而在大炮相同的情况下，炮弹在炮筒里面运动的距离也是相同的，因此由表达式 $v=\sqrt{2aS}$ 可以得出，大炮在地球上和月球上的速度是一样的。

于是，我们可以得出以下结论：炮弹位于月球上的时候，它发射出去时的速度等于在地球上的速度。如果你想知道炮弹发射出去后飞行的高度和距离，那就完全不同了，因为月球上重力的减小对这个问题有很大的影响。

例如，当我们在月球上竖直向上射出炮弹的时候，它的速度为900米/秒，那么这颗炮弹上升的最大高度就是

$$S=\frac{v^2}{2a}$$

这个公式可以从之前的公式表中找到。据我们所知，月球上的重力加速度比地球上小，大约为地球上重力加速度的 $\frac{1}{6}$，也就是

$$a=\frac{g}{6}$$

代入之前的公式中，得出

$$\frac{gS}{6}=\frac{v^2}{2}$$

因此，炮弹上升的高度为

$$S=6\times\frac{v^2}{2g}$$

假如在地球上，大气的影响忽略不计，那么此高度便是

$$S=\frac{v^2}{2g}$$

由此可知，在不考虑空气阻力的情况下，虽然炮弹在月球上和在地球上的初速度相同，但它在月球上射出的距离是在地球上的6倍。

海底射击能够成为现实吗

【问题】在菲律宾群岛的棉兰老岛附近,海洋深度大约为11 000米,是世界上最深的地方之一。如果把一支上了子弹的气枪装在这个地方的最下面,然后扣动扳机。请问,假设子弹发射出来的速度为270米/秒,会有子弹从这支气枪里发射出来吗?

【回答】子弹射出去的一瞬间,水的压力和枪膛中压缩空气的压力会同时对它产生作用,这两个压力的方向正好相反。如果水的压力大于枪膛中压缩空气的压力,子弹就会射不出去,反之就能够射出去。现在,我们要做的是弄清楚到底哪个压力大。

我们可以这样计算出水的压力:假如水柱的高度为10米,水柱底部的压力和1个大气压差不多大,即1千克/平方厘米。问题中水柱的高度为11 000米,所以,水底的压强就是1 100千克/平方厘米。

已知一支转轮手枪枪膛的直径为0.7厘米,假设我们用的也是一支口径为0.7厘米的气枪,就可以得出枪膛的截面积:

$$\frac{1}{4} \times 3.14 \times 0.7^2 \approx 0.38（平方厘米）$$

因此，枪膛截面承受的压力就是

$$1\,100 \times 0.38 = 418（千克）$$

下面，我们再来看看枪膛中压缩空气的压力。为了让计算过程变得更简单，假设子弹射出去之前在枪膛里做的是匀加速运动，并且加速度保持不变（事实上，子弹在射出去之前做的并不是匀加速运动）。我们可以从之前的公式表中找到以下公式：

$$v^2 = 2aS$$

其中，v 为子弹经过枪膛射出去时的速度，a 为我们想知道的加速度，S 则为子弹在枪膛里面所经过的距离（在这里，正好和枪膛一样长，一般是22厘米）。我们在前面说过，子弹发射出去时的速度 v=270米/秒，因此

$$27\,000^2 = 2a \times 22$$

$$a \approx 16\,500\,000（厘米/秒^2）$$

这个数值可不小，但也不足为奇，因为子弹只在枪膛里停留一小会儿。如此一来，我们便可以计算出子弹的加速度。通常情况下，一颗子弹的质量大约是7克，因此能让子弹产生加速度的空气压力就是

$$F = ma = 7 \times 16\,500\,000$$

$$= 115\,500\,000（达因）[1]$$

$$\approx 115（牛顿）$$

所以，压缩空气会产生115牛顿的压力。

---

[1] 达因作为一种力学单位，可以如此定义：让质量为1克的物体产生1厘米/秒^{2}的加速度的力，称作1达因。1牛顿 $\approx 1 \times 10^6$ 达因。

之前我们已经得出，水对子弹产生的压力为 418 千克，压缩空气产生的压力则为 115 牛顿。因此，水的压力大于空气的压力，并且它们的方向正好相反。由此可以推断出，子弹不仅不会射出，反而会被水的压力压到枪膛中。当然，要在气枪上产生如此大的压力并不是一件容易的事，但在技术日益发达的现代社会，制造出与转轮手枪媲美的气枪也是完全有可能的。

地球能够被我们推动吗

如果你没有对力学进行过深入的研究，大概会产生这样的感觉：如果力量比较小，绝不可能使质量极大的自由物体进行移动。实际上，这是一种错误想法。在力学的学习过程中，我们会找到这个问题的答案：力量再微弱，都能让任何物体——此物体的质量可以无限大——进行运动，只需要满足一个条件，即此物体是自由的物体。此前，我们已经多次用到一个公式：

$$F=ma$$

可以推导出

$$a=\frac{F}{m}$$

由此公式可知，只要力 F 不等于 0，加速度就不可能等于 0。意思就是，

无论力 F 多小，都会有一个不等于 0 的加速度产生，这足以让自由物体产生运动。

但令人遗憾的是，在我们所处的环境中，证明这个定律是正确的并没那么容易。这是因为摩擦与我们如影随形，运动的阻力无处不在。在日常生活中，若想找到一个自由物体，远没有想象的那么简单，我们平时所见物体的运动都是不自由的。因此，想让物体进行运动，必须克服摩擦阻力，这就提出了一个要求：加在物体上的力大于摩擦力。

例如，我们要把干燥橡木地板上的一个橡木柜子推到另一个地方，所需的力大约等于柜子重力的 $\frac{1}{3}$。原因是，柜子和地板互相接触的面全部是干燥的橡木，它们之间的摩擦力差不多是物体重力的 34%，只有克服这个阻力才能把柜子推走。假如它们之间没有摩擦力，只需要一个非常小的力便能把它推走。比方说，用手指轻轻地碰一下，柜子就动了。

在自然界中，不受到摩擦等介质阻力的物体极为罕见。通常情况下，太阳、月球、行星和我们生活的地球等一些天体全部是自由物体，它们进行的都是完全自由的运动。那么能不能说，我们仅凭自己的力量就可以推动地球呢？事实的确如此。或者可以这样说：我们在运动的同时，也带动了地球的运动。

再打个比方，当我们从地面上跳起来时，会获得一个速度，与此同时，地球会朝着相反的方向做运动。讲到这里，有的读者大概会问：既然如此，那么地球的运动速度会达到多少？很简单，牛顿第三定律给出了答案。

对地球而言，我们提供给它的力量与我们跳起来时的力量相等。这两个力的冲量相等，说明我们和地球的动量也相等。假设地球的质量是 M，地球的速度是 V，我们人体的质量是 m，我们跳起来的速度是 v，就可以得出

即
$$MV=mv$$

$$V=\frac{m}{M}v$$

据我们所知，人的质量远远小于地球的质量，因此地球的速度比我们跳起来的速度要小得多。在这里，我们用的是"小得多"，可能会让读者觉得很模糊，不是很好理解。实际上，我们完全可以计算出地球的质量，自然就能得出这个速度的近似值。

一般情况下，我们认为地球的质量为 6×10^{27} 克。此处，人体的质量 m 用 60 千克表示，即 6×10^4 克。两个质量的比值为 $\frac{m}{M}$，即 $\frac{1}{10^{23}}$。也就是说，地球获得的速度仅为人跳起来的速度的 $\frac{1}{10^{23}}$。假如我们跳起来的高度 h 等于 1 米，就可以用以下公式将我们的初速度计算出来：

$$v=\sqrt{2gh}$$

就是

$$v=\sqrt{2\times9.8\times1}\approx4.4（米/秒）$$

因此，地球的速度是

$$V=\frac{4.4}{10^{23}}（米/秒）$$

从客观上来讲，此数值非常小，小到我们根本无法想象，但不管怎么说，它都比 0 大。那么，这个数值到底是多少呢？让我们来想象一下：假如地球运动时始终保持这个速度，那么，在接下来较长的一段时间里，如 10 万万年，地球肯定会移动一定的距离，这个距离是多少呢？我们可以通过下面的公式得出：

$$S=vt$$

此处的时间 t 是 10 万万年，即

$$t=10^9 \times 365 \times 24 \times 60 \times 60 \approx 31 \times 10^{15}（秒）$$

代入上面的公式得出

$$S=\frac{4.4}{10^{23}} \times 31 \times 10^{15} \approx \frac{1.4}{10^6}（米）$$

假如换算成微米，便是

$$S \approx 1.4（微米）$$

也就是说，在 10 万万年这么长的时间里，假如地球一直不停地运动，而且运动速度保持不变，它运动的距离只有区区 1.4 微米。这个距离，我们用肉眼根本辨别不出来。

实际上，对于地球来讲，我们刚刚得出的速度并不会保持不变，就算我们的两只脚离开了地球，仍然挣脱不了地球引力的束缚。在地球引力的作用下，我们运动的速度会逐渐变慢。而且，如果地球吸引人体的力是 60 千克，那么，人体给地球的引力也是这么大。因此，当我们的速度降低时，地球的速度也会降低，最终都变成 0。

总的来说，我们的确能给地球一个速度，但它只能维持非常短的时间，而且又很小，所以无法推动地球。只有满足下面的条件，地球才能运动起来，即找到一个与地球无任何联系的支点，如图 13 所示。当然，图中的景象不过是人们的幻想而已。我敢肯定地说，不管想象力有多么丰富，你都想象不出我们的脚应该放在什么地方。

图 13　只要能找到一个与地球无任何联系的支点，人就能推动地球

重心运动定律

对发明家而言，如果不想自己陷入毫无意义的空想之中，真真正正地做出一些技术方面的发明，唯一的办法就是严格遵守力学定律。很多发明家可能都会遵守能量守恒定律，并将其视为唯一的原则。事实上，除了能量守恒定律之外，重心运动定律也是一个非常重要的原理。如果忽略了这条定律，就有可能走入死角，做很多无用功，白白浪费时间和精力。

重心运动定律指的是：当一个物体或一个系统在运动时，内力的作用不会让其重心发生改变。例如，一颗正在飞行的炮弹发生了爆炸，那么在弹片落地之前，所有弹片的重心仍然会沿着炮弹飞行的轨迹进行运动。值得一提的是，有一种情况非常特殊：如果刚开始时物体的重心处于静止状态，即物体自身是静止的，那么不管它的内力有多大，都不会改变它的重心位置，它的重心也不会运动。

我们前面说过，对生活在地球上的我们而言，用肌肉的力量来推动地球简直就是异想天开。对此，我们完全可以用这一定律来说明。

无论是人体所受到的地球作用的力，还是地球所受到的人体作用的力，统称为内力，所以都不可能移动地球与人体这个系统的重心。当我们跳起来之后又重新回到地面的时候，地球同样也会回到最初的位置。

接下来，我们来看一个非常有趣的例子，由此可知：如果不遵守重心运动定律，得出的结论肯定是错误的。

有一位发明家想设计出一种新型飞行器。他说："像图 14 中我们看到的那样，这个闭合的半圆形管子由两个部分组成，即弧形部分 ACB 和水平部分 AB。我们把一种液体装到管子里，让其在螺旋桨的带动下持续流动，流动的方向和图中展示的一样。这样的话，当液体在弧形部分流动时，离心力就产生了，管子的外壁会受到这个力的挤压，它就是图 15 中的力 P，而且，这是一个向上的力。显而易见，在水平管子里，液体不存在离心力，自然不会有反方向的作用力。因此，我们可以得出这样的结论：如果管子里的液体流动

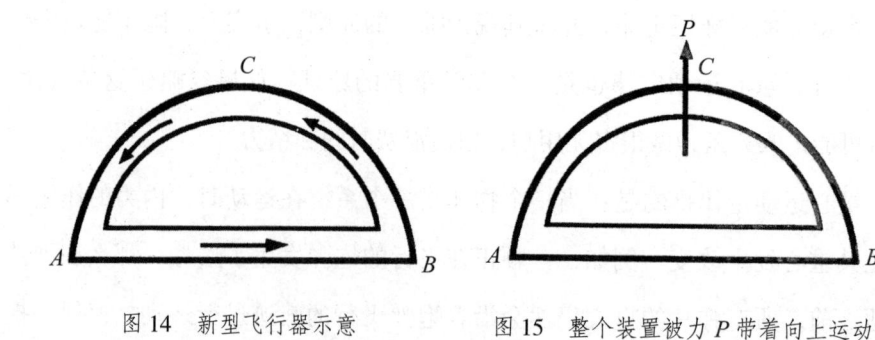

图 14　新型飞行器示意　　图 15　整个装置被力 P 带着向上运动

的速度够快，那么它产生的离心力 P 就会将这个闭合的管子顶起来。"

你觉得发明家说的对吗？我们只要稍微动动脑筋，就会知道：这个管子根本不可能产生任何运动。其实，这个地方的作用力还是内力，因此根据重心运动定律，它使这个系统——管子、液体和螺旋桨——运动的概率等于 0。所以说，这个系统根本不可能运动起来。那么请问，发明家在论证的过程中，到底遗漏了什么？

事实上，这个问题并不难：发明家在论证此系统时只想到了弧形部分的离心力，却忽略了在液体转弯的地方，即点 A 和点 B 也有离心力，如图 16 所示。这部分的曲线非常短，转弯的角度却非常大。换句话说，此处曲率半径很小。大家都知道，曲率半径越小，离心效应就越大，所以这两个急转弯的地方会产生向下的力 Q 和 R，向上的离心力 P 就会被这两个力抵消。但是，发明家在分析时对这两个力只字未提，要是他了解重心运动定律，就一定会意识到自己的错误。

"从某种程度上来说，发明家和工程师之所以不会向别人许诺不可能实现的东西，就是因为力学定律对他们形成了很强的约束力。"这是达·芬奇在 400 多年前说过的一句名言。

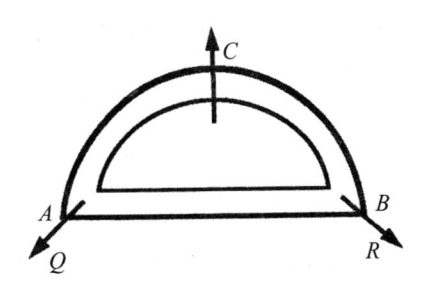

图 16 新型飞行器无法飞行的原因

火箭的重心去哪儿了

有些人认为，动力超强的喷气发动机打破了重心运动定律。比方说，在火箭飞向月球的整个过程中，只有内力作用在它身上，它的重心却飞到了月球上，这一点显而易见。乍一看，好像说得有一定的道理，可是我们应该如何解释呢？没错，在火箭飞行之前，重心在地球上，而火箭飞上月球之后，它的重心也跑到了月球上，似乎确实打破了重心运动定律。

应该怎样反驳这个结论呢？实际上，在上面的分析中，我们还是遗漏了一些东西。据我们所知：火箭飞向月球时会喷出气体，如果这些气体没有接触地球，火箭就不可能飞上月球，它的重心自然就不会转移到月球上。而且，只有火箭的一部分飞到了月球上，一些燃烧的产物则会沿着相反的方向回到地球上。因此，对整个系统来说，火箭的重心（它在力学上的名字叫惯性重心）仍然处于火箭起飞之前的位置。

刚才，我们讲到了火箭喷出的气体。实际上，这些气体喷向地球时会产生非常大的冲击力，因此在这个系统中，还应该将整个地球也计算进去，不能只分析火箭，而应该把注意力放在地球和火箭所组成的这个大系统上。地球也会因为火箭所喷出气体的作用而产生移动。并且，地球会沿着火箭的惯性中心移动的方向进行反方向移动。大家都知道，地球的质量大于火箭的质量，因此就算地球仅仅进行了很小的移动，也完全可以将火箭飞向月球所进行的移动抵消，从而保持整个大系统的惯性中心不变。从理论上来讲，地球移动的距离比火箭移动的距离小得多，大约仅为火箭的几百万亿分之一。

通过刚才的分析，我们可以得出，重心运动定律对这种特殊的情况同样适用。

第二章

重力现象

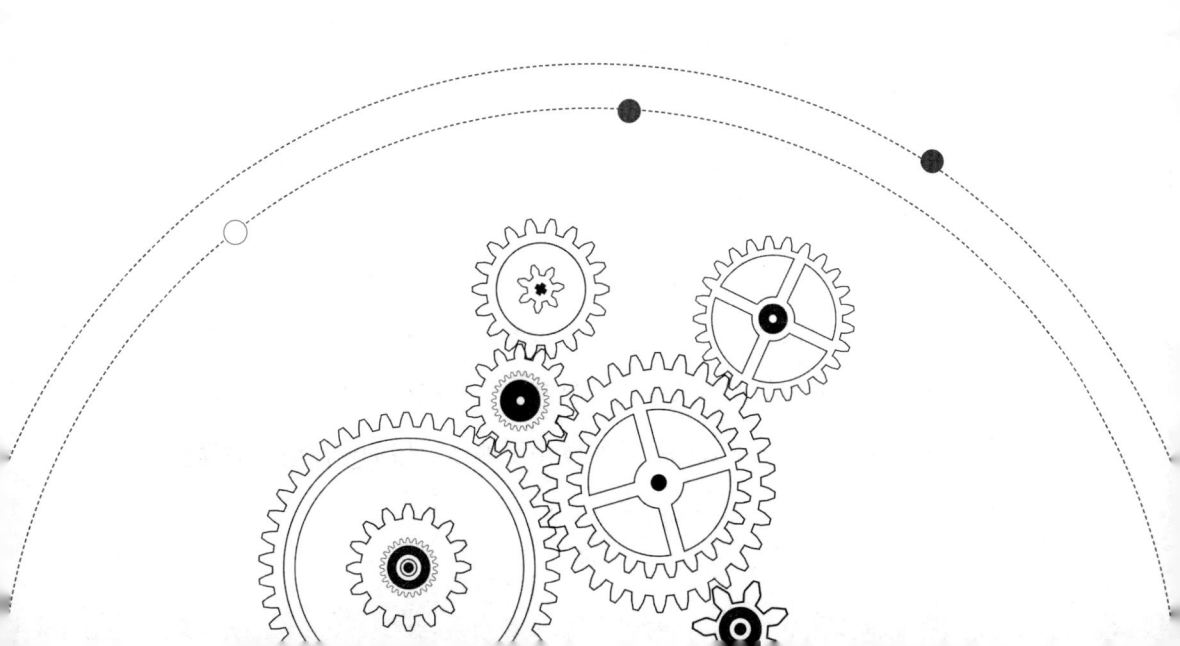

悬锤与摆

我们进行科学研究时会用到各式各样的仪器，悬锤与摆算是最简单、最常见的了。难以置信的是，如此简单的仪器却能帮助我们得出令人惊叹的结果。例如，在它们的帮助下，我们可以深入地球的核心。

想象一下，深入脚下几十千米的地方究竟意味着什么？大家都知道，世界上最深的钻井不过几千米深，这和悬锤与摆所能探测到的深度根本无法相提并论。

我们可以用力学原理来解释悬锤的这一功绩。假设地球是完全均匀的，我们能将悬锤在任一地方的方向计算出来。但现实情况是，地球并不均匀，在地表或地下，质量的分布各不相同，所以实际方向与理论方向具有一定的偏差，如图 17 所示。在高山附近的某个点，悬锤会向山顶的方向偏斜，并且离山顶越近，山的质量越大，偏斜得就会越明显，如图 18 所示。相反，假如地下有空隙，悬锤会被吸引到旁边，不知道的还以为空隙会排斥悬锤呢。这是因为有了空隙，旁边的质量会变大，悬锤就会被吸引过去。而且，悬锤不只受到空隙的排斥，当它下方的物质密度小于地球地层的密度时，同样会受到排斥，只是它受到排斥的力量更小。从这个现象中可以得出，悬锤能够帮助我们研究地球内部的构造。

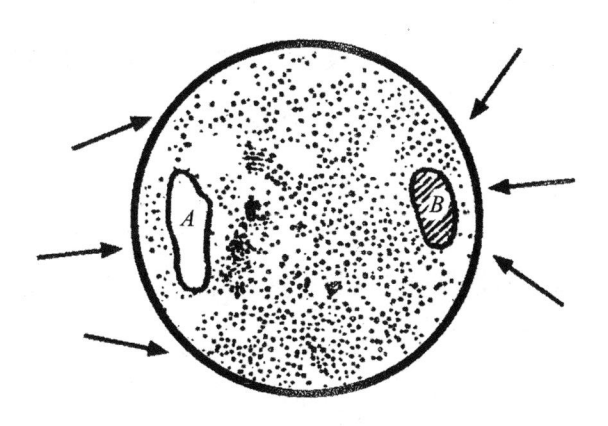

图 17　地层里的空隙 A 与密层 B 都会让悬锤产生偏斜

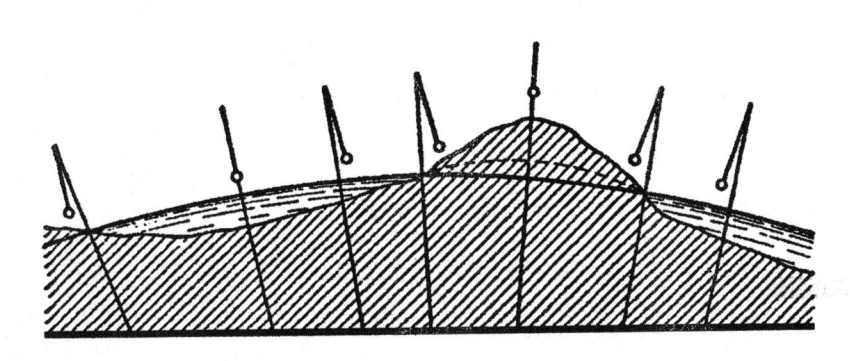

图 18　地面的起伏与悬锤方向变化之间的关系

在进行这方面研究时，我们不仅可以用到悬锤，还可以借助摆，它的作用更大。相对摆而言，只要它没有很大的摆动幅度，大多能控制在几度以内，那么无论它的摆动幅度有多大，它的摆动周期（摆动一个来回所用的时间）都不会受到摆动幅度的任何影响，只和摆的长度、它所在位置的重力加速度有一定的关系。如果摆的摆动幅度较小，它完成了一次全摆动，那么周期 T 和摆长 l、重力加速度 g 之间存在这样的关系：

$$T=2\pi\sqrt{\frac{l}{g}}$$

其中，假如摆长 l 的单位为米，重力加速度的单位就应该是米/秒^2。

我们对地质结构进行研究时，最常用的是"秒摆"。"秒摆"每秒朝着一个方向摆动一次，一个来回算作两次，即摆动的周期为2。因此，能够得出下列式子：$\pi\sqrt{\frac{l}{g}}=1$，变换一下即 $\frac{g}{\pi^2}=l$。

从上面的公式中可以得出，摆长和重力成正比，重力的变化是通过摆长体现出来的。在不同的地方，需要通过摆长的改变来保证摆能够每秒摆动1次。如果重力加速度的变化很小，这种方法也适用。实际上，这个问题的复杂程度远远超出了我们的想象，所以此处只举几个很有趣的例子，不作深入的研究和讨论。

假如我们在海岸边做这个实验，也许会觉得：悬锤应该会向大陆的一侧偏斜，这和它会向山顶方向偏斜是一样的道理。可是实验证明，这个想法是错误的。实验结果显示，海洋和海岛上的重力加速度大于海岸边，海岸边的重力加速度又大于远离海岸的大陆。

为什么呢？这显然说明了一个问题：远离海岸的大陆底下的地质轻于海洋下的地质。地质学家对地球的内部构造与外壳岩石成分进行推测时，就是以这一点为依据的。如图19所示，他们在查

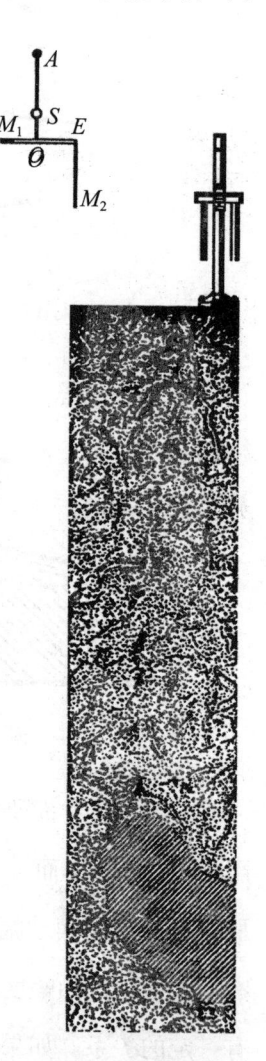

图19 异常重力测量

明"地磁异常"的原因时也用到了这种方法，而且成效显著。除此以外，一些与物理风马牛不相及的学科中也有物理学的踪影，下面的例子就是非常好的证明。

据我们所知，地球其实不是圆形的，构造也不太均匀，很不利于人造地球卫星的运动。从理论上来讲，假如人造地球卫星飞行在山脉的上空，或地质密度很大的地域上空，那它应该会受到比较大的地球引力，运动速度应该比较快。当然，人造地球卫星只有在比较高的高空中运行时，才具有如此特性。这是因为当卫星位于较高的高空时，它的自然运动不会受到空气阻力的影响。从人造地球卫星运动速度的变化中，人们可以极其精确地得出重力的变化。

摆在水中时是怎样摆动的

【问题】假如挂钟的钟摆在水里摆动，而且摆锤的轨迹呈流线型，它几乎能将水对摆锤的阻力降低为零，甚至完全可以忽略不计。那么，钟摆在水中的摆动周期和在水外的摆动周期相比，是变大了还是变小了？或者说，钟摆在水里面的摆动速度快，还是在空气中的摆动速度快？

【回答】乍一看，你也许会认为，无论是位于水中还是位于空气中，摆锤所受的阻力都非常小，好像可以忽略不计，所以不会对摆动周期产生很大的影响。然而，实验发现，无论阻力的变化小到何种程度，照样可以在摆的摆动上明显地体现出来。

对此，我们可以解释为：任何浸在水里的物体，都会受到水的排挤，这样会减小摆的重力，却不会减小摆的质量。因此也可以把摆在水里的摆动，当成摆在一个重力加速度稍微小一点的行星上的摆动。根据下面的公式：

$$T=2\pi\sqrt{\frac{l}{g}}$$

我们能够看出，如果重力加速度变小了，摆动周期就会变大，所以摆在水里会摆得慢一些。

位于斜面会下滑的容器

【问题】如图20所示，将一个装有水的容器放在斜面 CD 上。当位于斜面上的容器不动时，水面 AB 会保持水平。在斜面非常光滑的情况下，如果让容器沿着斜面向下滑，那么容器里的水面 AB 会发生变化吗？

【解答】实验结果显示：盛有水的容器沿着没有摩擦力的斜面下滑时，容器里的水面会与斜面保持平行。这是怎么回事呢？

如图 21 所示，对容器里的水而言，任意质点的重力 P 都是由力 Q 和 R 组成的。力 R 能让容器与水沿着斜面 CD 进行运动。这时，由于容器与水的运动速度相同，所以每个质点对杯壁的压力也和静止的时候相同。然而分力 Q 会让质点对容器的底部产生压力，每个质点的分力 Q 都会对容器底部形成压力，它们组成的合力和重力对静止液体的压力都是一样的，所以水面 AB 与力 Q 的方向垂直，即水面 AB 和斜面 CD 保持平行。

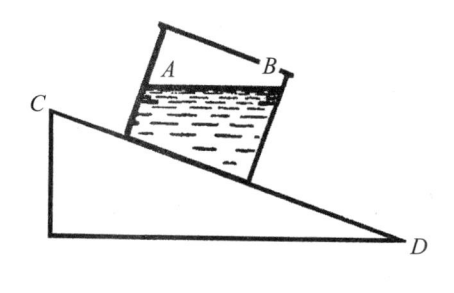

图 20　盛有水的容器沿斜面下滑，容器中的水平面会变化吗

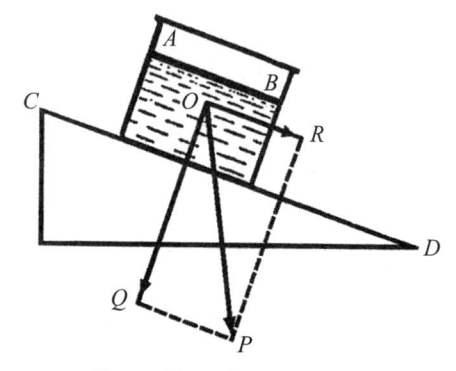

图 21　图 20 所示题目的答案

如果将问题变化一下，使容器在斜面上匀速滑行呢？即存在摩擦力，此时，水面会发生什么样的变化呢？

很明显，容器里的水面此时并没有保持倾斜，而是水平的。关于这一点，我们可以这样解释：容器正在做匀速运动，与静止状态时完全相同，什么变化都没有。

这是否意味着上面所进行的解释是正确的？当然是正确的。容器在斜面做的是匀速运动，因此对容器壁而言，质点并没有产生加速度，但对容器里的水而言，在力 R 的作用下，质点会压向容器壁。因此，力 R 与力 Q 会在水的质点的作用下产生合力 P，P 就是质点的重力，它会保持竖直的方向。所以，此时水面 AB 保持水平。也许在刚刚开始运动并且容器还未做匀速运动时，容器里的水面会有所倾斜，但这只会持续非常短的时间，在容器开始做匀速运动的一瞬间，水面就会变成水平的。

"水平线"为什么不是水平的

继续讨论前面的问题，如果在斜面上下滑的容器中装的不是液体，而是一个人，他拿着一个水平器，那么他会有什么发现呢？

据我们所知，静止不动时，此人会向容器的水平底部贴近，当他处于斜面上下滑的容器中的时候，身体则会向倾斜的容器底部倾斜。因此，对容器里的人而言，倾斜的容器底面看上去就是水平的。对他来说，运动开始之前的水平方向突然变得倾斜了。因此，这个人会看到一幅非常奇怪的画面：房子、树木全都歪斜着，远处池塘的水面，还有其他所有的景物，统统是歪斜的。如果此人不敢面对事实，可以将手里的水平器放在容器的底面。这时，水平器会明明白白地告诉他：只有容器的底面才是水平的。换言之，对容器里的人而言，他所看到的水平方向和我们平常看到的水平方向并不相同。

需要特别注意的是，在任何时候，如果我们没有意识到身体开始歪斜，就会觉得周围的物体全都是歪斜的。例如，驾驶飞机的飞行员转弯时，或者我们在旋转木马上旋转时，都会认为周围的世界是歪斜的。

有时，我们明明走在一条绝对水平的道路上，而不是倾斜的道路上，也常常会觉得地面并不是水平的。例如，火车进站或者出站时，火车会减速或加速，此时坐在车厢里的我们确实会有这样的感受。

其实，当火车慢慢减速的时候，坐在车厢里的我们会发现：车厢地板好像向着车头的方向降低了一点。如果我们走向火车运动的方向，会觉得自己正在走下坡路。如果我们走向火车运动的反方向，则会觉得自己在爬坡。假如火车从车站驶出，速度在一点点加快，情况又会倒过来。

为了解释其原因，我们来做一个实验。实验不是很复杂，只需要准备一个装着甘油等黏稠液体的杯子就行了。一旦火车速度加快，杯子里的液体就会发生倾斜。细心的读者朋友们说不定见过，车厢顶部的水槽里会出现这样的现象：下雨天，当火车进站的时候，车厢顶部水槽中的雨水会流向前方；火车出站的时候，雨水会流向后方。因为在火车运动时，水面会不断升高，方向与火车加速度的方向相反。

接下来，我们就对这种有趣的现象进行分析。

首先，将坐在火车里面的人，而并非站在火车外面的人当作观察者进行研究。对坐在火车里的人而言，他确实感觉到了火车的加速或减速运动，觉得自己和观察到的事物一直静止不动。当火车加速时，观察者认为本来静止的东西会给火车后侧的车厢壁产生压力，仿佛将相同大小的力压到了车厢壁上。如图 22 所示，此时两个力同时作用在他身上，即和火车运动方向相反的力 R 与压到地板上的重力 P，Q 为它们的合力。他觉得力 Q 是保持竖直的，即 OQ 是竖直的，那么与 OQ 垂直的 MN 就理所应当是水平的。因此，原本保持水平方向的 OR，在他的眼中却是倾斜的，仿佛朝着火车运动的方向抬高了（图 23）。

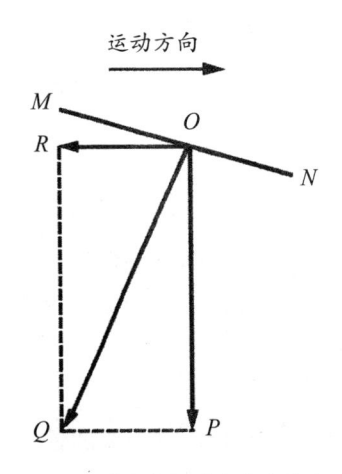

图 22 对站在起动火车上的人
产生作用的力

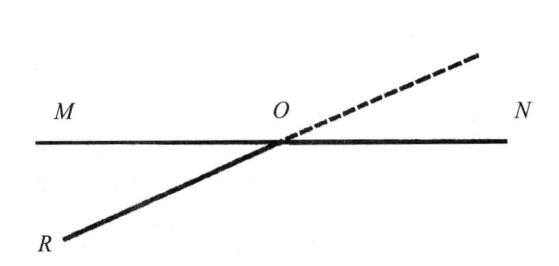

图 23 火车起动的时候,地板变倾斜了吗

再来看一种情况,如果把一个碟子放在桌子上,碟子里面装着一些液体,会怎么样呢?如图 24(a)所示,据我们所知,在观察者眼中,水平的方向是 MN 不与液面保持水平,所以呈现在观察者眼中的就会是图 24(b)所示的情形。假如火车运动的方向和图中箭头所指示的方向一样,那么火车开动时,碟子里的液体就会和图中一样倾斜。因此,当火车开动时,碟子里的液体会从碟子的后方溢出来。相同的道理,如图 25 所示,火车起动时,站在车厢里的人会向后仰。针对这一现象,很多读者都曾亲身体验过,但最常见的解释

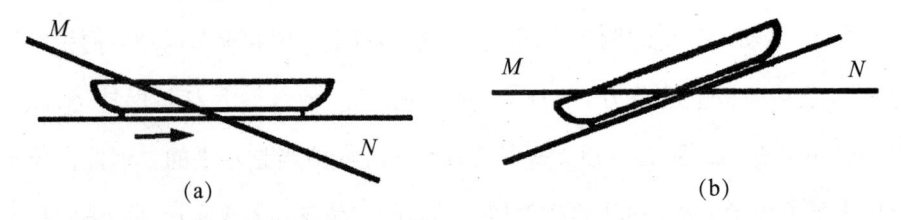

图 24 火车起动时,车厢里平放的碟子里的液体会从碟子的后方溢出来

是，两只脚在火车的带动下向前运动了，整个身体和头部仍然停留在最初的状态。就连伟大的物理学家伽利略也是这么觉得，他在著作中写道：

图25　火车起动时，车厢里的乘客会向后仰

如果让一只盛有水的容器沿着直线进行一种非匀速运动，例如时而加速，时而减速，我们就会发现：容器里的水与容器本身的运动并不完全一致。当容器的运动速度减小时，水仍然会保持原来的速度，即流向前方，因此容器前方的水位会升高。相反，如果容器的运动速度突然加快，容器里的水仍然会保持原本比较缓慢的速度运动，容器后面的水位就会上升。

通常情况下，这个解释与之前涉及的实际情况相符。但是站在科学的角度看，一个解释除了表现符合实际的情况之外，还应该可以通过量化的形式表现出来，这样才会更有价值。因此，我们可以这样说，关于脚下的地板变倾斜的解释，比伽利略的解释更有价值。之前的解释能够让我们对这个现象进行量化考察，这是伽利略的解释无法做到的。例如，在图22中，假设火车从车站驶出时的加速度为 1 米/秒^2，那么很容易就能得出新、老两条竖直线之间的夹角 QOP。因为力与加速度成正比，所以在三角形 QOP 中：

$$QP : OP = 1 : 9.8 \approx 0.1$$

可以得到：

$$\tan \angle QOP = 0.1$$

$$\angle QOP \approx 6°$$

意思就是，如果将一个重物挂在车厢顶部，火车开动的时候，它的倾斜角度为 6°。同样，对脚底下的地板而言，火车开动的时候，好像倾斜了 6°。因此，在这样的车厢里行走，和在一个斜度为 6° 的斜坡上行走没什么区别。如果研究这一现象时使用的是伽利略的解释，就不可能得出这样的数据。

但是，细心的读者也许已经发现了，这两种解释只是观点不同，而不存在本质上的分歧。伽利略的解释出自站在火车外面、固定不动的观察者所看到的现象，之前的解释则出自亲身参与火车运动的观察者所看到的现象。

带磁性的山

如图 26 所示，加利福尼亚有一座山，从那里路过的司机全都认为它有磁性。事情源于一个奇怪的现象：山脚下有一条长约 60 米的小路，当汽车在这段倾斜的道路上向下行驶时，如果将发动机熄灭，汽车便会往后退，朝着道路的高处进行运动，仿佛被山上的"磁力"吸住了。

很多人从那里经过时，都亲眼看见过如此奇怪的现象，于是有人在公路边立起一块木牌，将这个现象原原本本写在了上面。

图 26 加利福尼亚州的"磁山"

有些人却有所怀疑，开始对这段道路进行测量和研究。结果发现，人们一直以为的上坡路，其实是一条斜度约为 2° 的下坡路！这个斜度足以使汽车在发动机熄灭的状态下向前滑行。类似"视觉欺骗"的例子在某些山区并不少见，也因此产生了很多神奇的传说。

水往高处流

在某些旅行家的日记或口述中，常常会提到河里的水沿着斜坡向上流。针对此类现象，我们可以用视觉错误来解释。伯恩斯坦教授有一部生理学方面的书籍《外在的感觉》，讲的就是与其相关的现象：

我们在判断一个方向是水平的还是倾斜的，是朝上方倾斜还是朝下方倾斜时，往往会得出错误的结论。例如，当我们沿着一段向下倾斜的道路前进时，如果倾斜的角度非常小，而且远处有一条与其相交的道路，我们就会觉得那条道路倾斜得比较厉害。走近后却发现，这条道路远没有自己想象的那么陡。

这是怎么回事呢？原因是，我们把刚开始走的那段路当成了一个平面，并将这个平面当作基准对另一条道路的倾斜角度进行衡量。许多时候，人们都会习惯性地如此认为，自然而然地将远处那条道路当成倾斜角度非常大的道路。之所以会产生这种错觉，是因为我们对 2°～3° 的微小变化，并没有明显的感觉。另一种视觉错误显然更有趣，在一些地势不平的地方，人们常会觉得小河在向山上流。

下面这段文字，同样出自之前的那本书：

当我们沿着小河行走的时候，河边的道路会略微倾斜。如果小河的水面坡度较小，接近水平的状态，如图 27 所示，我们就会认为水正在沿着斜坡朝高处流（图 28）。此时，我们同样会觉得倾斜的道路是水平的。这是因为我们走路时，会不由自主地把站立的平面当成基准面，觉得这个平面是水平的，并且用它来判定其他平面是不是水平的。

图 27　顺着小河前进，河边的道路会稍稍倾斜

图 28　前进中的人会觉得河水在往高处流

铁棒停留的位置

如图 29 所示,铁棒的中心有一个孔,一条很牢固的细金属丝从孔里穿过去,让这根铁棒可以沿着水平轴线旋转。请问:如果将这根铁棒转动,它会在什么位置停住?

一般来说,人们会觉得:铁棒最后会在一个水平的位置停住,因为只有停在那里它才会保持平衡。然而,他们可能忽略了一个问题:事实上,无论在什么位置,这根铁棒都能保持平衡。

怎么样,这个问题很简单吧?奇怪的是,很多人并不认同。

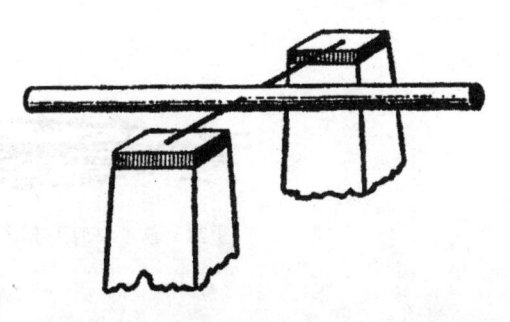

图 29　转动这根铁棒,它最终会停在哪里

为什么？原因非常简单：在日常生活中，我们见到的往往是在棒子中间系一条线，把它挂起来。对这根棒子而言，确实只有在水平位置才能保持平衡，因此人们习惯性地认为，对这根中间穿着金属丝的铁棒来说，也必须在水平的位置才能保持平衡。

可是，用线挂起来的棒子与在中间轴上穿着金属丝的棒子还是有区别的。严格来讲，对在中间轴上穿着金属丝的棒子而言，孔的位置正好位于棒子重心，它在哪里都能保持平衡。然而对挂起来的棒子来说，悬挂的点并不是它的重心。如图30（a）所示，对于悬挂起来的棒子，悬挂点并不是它的重心，而是在重心之上，那么它的重心与悬挂点位于同一条竖直的线上，只有在此时棒子才会平衡。如果将棒子倾斜，它的重心就会离开这条竖直线，如图30（b）所示。正是因为这种经常可见的现象，很多人产生了错觉，认为放在水平轴上的这根铁棒不可能在倾斜的位置上停住。

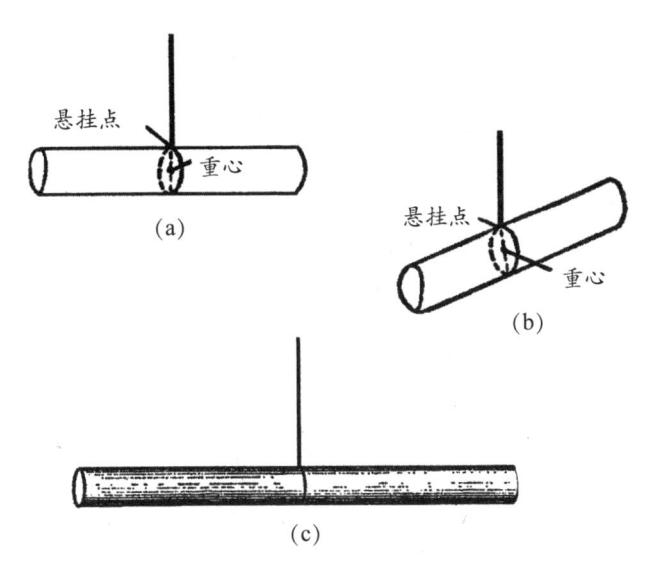

图30 为什么在中间用线悬挂起来的棒子只能在水平的位置保持平衡

第四章

下落与抛掷

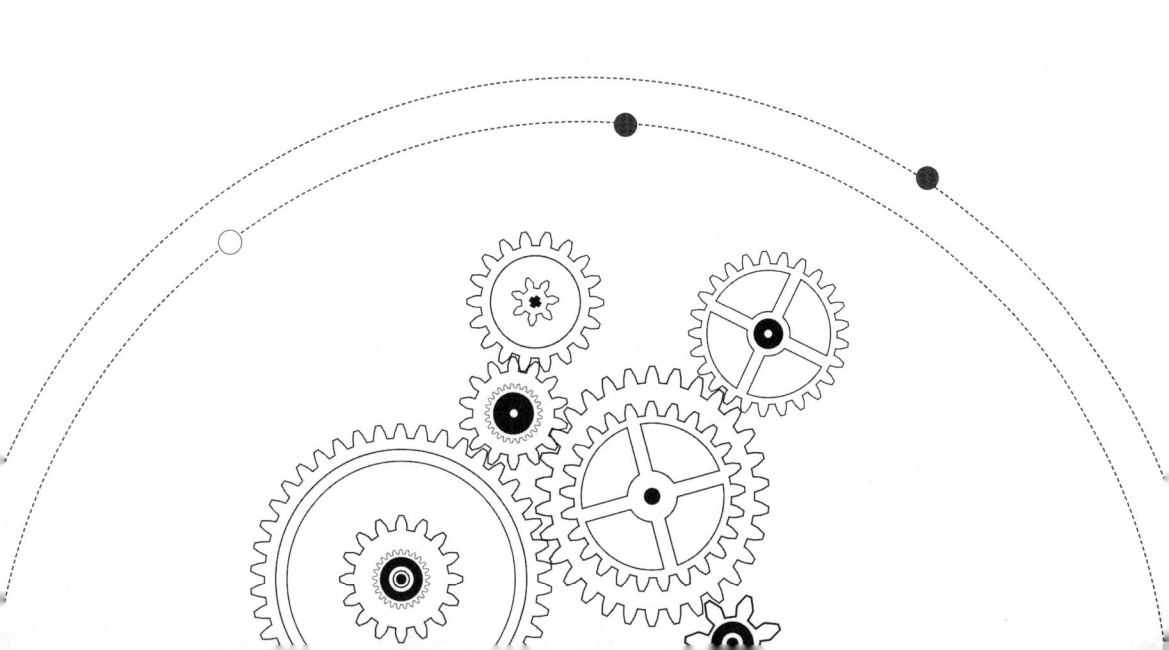

"七里靴"和"跳球"

有一个童话故事：只要穿上一种叫作"七里靴"的靴子，就可以一天行走一千里。如今，童话中的情景以一种特有的形式变成了现实。有一个中号旅行箱，里面装的是一个用气球做成的小气囊和一套可以给气球注入氢气的装置。必要的时候，取出旅行箱里面的气囊，并注入氢气，随之出现的就是一个直径为 5 米的气球。如图 31 所示，人只要背着气球，就可以跳得非常高，还不用担心自己跳得太高，因为气球的上升力远远小于人的体重。

图 31　背着气球跳跃

下面来做一道有趣的题：如果人背上这个气球去跳跃，那么他能达到的最大高度为多少？

假设人的体重只比气球上升的升力大 1 千克，即如果忽略气球的上升，人的体重只有 1 千克，这个体重仅为人正常体重的 $\frac{1}{60}$，那么人跳起的高度能否达到正常起跳高度的 60 倍呢？

接下来，我们进行计算。

背着气球的人所受到的地球引力为 1 千克，约等于 10 牛顿。气球本身的质量大概是 20 千克。也就是说，质量为 20+60=80（千克）的物体所受到的力为 10 牛顿。那么，在 10 牛顿力的作用下，这个 80 千克的物体得到的加速度 a 为

$$a = \frac{F}{m} = \frac{10}{80} \approx 0.12（米/秒^2）$$

一般来说，如果不利用任何工具，一个人所能跳起的高度最多不超过 1 米。假如是 1 米，他跳起来的初速度就能用下面的公式来计算：

$$v^2 = 2gh$$

因此

$$v = \sqrt{2gh} \approx 4.4（米/秒）$$

对身上背着气球的人而言，他跳起时会给自己的身体一个速度，这个速度一定小于没有气球的时候。刚刚提到的这两个速度之间的比，应该等于人的质量和人与气球的总质量的比值。这一点，可从公式 $Ft=mv$ 中得出。在相同的作用时间 t 内，力 F 相同，所以它们的动量 mv 也相等。我们都知道，质量与速度成反比，那么一个人背着气球时，他起跳时的初速度就是

$$4.4 \times \frac{60}{80} = 3.3（米/秒）$$

根据公式 $v^2=2ah$，我们很容易就能计算出背气球的人跳起时的高度是

$$3.3^2 = 2 \times 0.12 \times h$$

$$h \approx 45（米）$$

换句话说，就算使出全部的力气，在正常情况下，这个人顶多能跳 1 米高，但在气球的帮助下，就能轻松地跳到 45 米的高度。

如果计算一下跳跃时间，我们会有一个非常有意思的发现。前面，得到的加速度为 0.12 米/秒^2，跳起的高度为 45 米，因此可以用下列公式求出所需的时间：

$$h = \frac{1}{2}at^2$$

$$t = \sqrt{\frac{2h}{a}} = \sqrt{\frac{9\,000}{12}} \approx 27 \text{（秒）}$$

也就是说，这个人跳起来然后落回地面所需的时间为 54 秒。

说实在的，这次跳跃不算快，因为跳起的加速度很小。不过，如果不使用气球，我们想要实现这样的跳跃，只能在重力加速度比地球小得多的行星上才能完成。

在刚才的计算中，我们没有考虑空气阻力的影响。在之后的计算中，我们也决定对其忽略不计。事实上，以上公式都源于理论力学。如果对空气阻力进行考虑，即计算在实际情况下跳起来的高度与所需的时间，得出来的结果会小得多。

刚才，我们求出了跳起的高度。接下来，再来计算一下跳出的最远距离吧。能够想象的是，如果这个人想要跳出最远的距离，必须选择最适合的角度。我们假设这个角度为 α，即跳起的方向和水平线的夹角是 α，如图 32 所示。那么，跳起时的速度 v 就可以分解成两个速度，一个为竖直方向，另一个是水平方向，我们分别用 v_1 与 v_2 来表示，于是得出下面的关系：

$$\begin{cases} v_1 = v\sin\alpha \\ v_2 = v\cos\alpha \end{cases}$$

来。特别要注意的是，空气阻力也许会对这个"人"跳起的高度与跳出的距离产生影响。

"肉弹表演"

我们来看一个很有意思的杂技，人们称之为"肉弹表演"：在炮膛里放一个人，然后通过炮口发射出去。接着，这个人会在空中划出一道弧线，最终落在与炮膛相距 30 米的一张大网上，如图 34 所示。

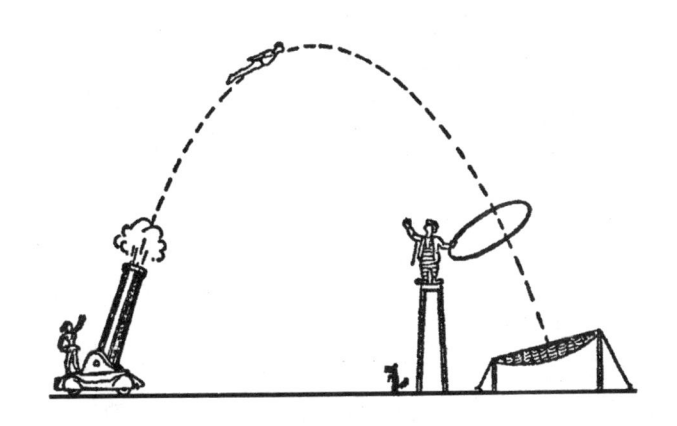

图 34　肉弹表演

特别要留意的是：这里面提到的炮和发射全都是假的。在进行肉弹表演的时候，我们的确会看到炮口冒出的浓烟，实际上，炮膛里的火药并没有真的把人轰出去，浓烟仅仅是为了让表演效果更加逼真。真实的情况是：弹簧将人抛了出去，在人被弹簧抛出去的同时，将事先放在炮口并能释放浓烟的物品点燃。观众随之产生了一种错觉，觉得这个人真的是从炮膛里发射出去的。

在图35中，我们对杂技中的一些数据进行了标注。这些数据是肉弹表演的表演者莱涅特多次实验后的结果：

炮筒的倾斜度：70°。

表演者能到达的最大高度：19米。

炮膛的长度：6米。

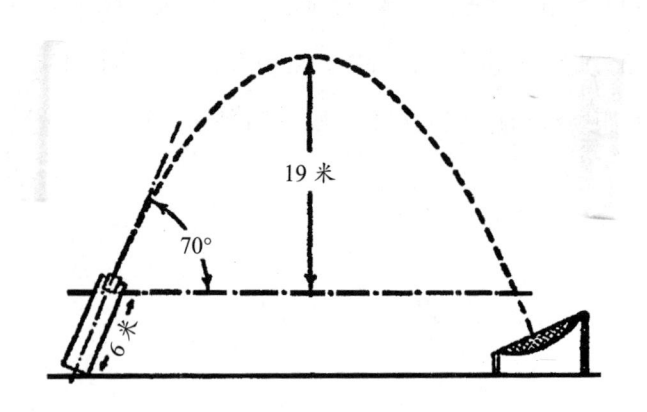

图35 肉弹表演图解

在表演过程中，表演者即"肉弹"，他会感受到一些奇怪的变化。在被发射的一刹那，他会觉得自己被什么很重的东西给压住了，体重突然增加。从炮膛里面发射出去之后，他又猛然觉得自己的体重完全消失，变得比棉花还轻。而在落到网上的一瞬间，他会突然觉得自己的体重再度增加。这些感觉不会对表演者的身体健康造成任何危害，完全在他的承受范围之内。值得一提的是，宇航员也会有同样的感觉。因此，从某种意义上来讲，我们很有必要进行深入细致的研究。

大家知道，宇宙飞船上升到空中靠的是发动机。在宇宙飞船还未达到一定速度之前，宇宙飞船里面的宇航员会感觉自己变重了。而在发动机关闭、宇宙飞船进入轨道后，宇航员会突然觉得自己完全没有体重，也就是我们常说的失重。后来，人们在苏联发射的第二颗人造地球卫星上放了一只小狗，它的感受同样如此，并在经历重重考验后幸运地返回了地球。

接下来，我们再来看看刚才的表演。

"肉弹"在炮膛里还未发射出去时，他所承受的压力会有多大？也就是说，增加在他身上的重力究竟有多大？实际上，只要知道演员在炮膛里发射时的加速度，我们就可以计算出数值。从前面的学习中，我们知道想求出这个加速度，就必须知道演员在炮膛里走过的距离，即炮膛的长度，以及演员在从炮膛里发射出去的瞬间所得到的速度。已知的是，炮膛长 6 米，那么速度是多少呢？事实上，速度也可以计算出来。演员飞行的最大高度为 19 米，根据上一节中的算式，可以得出

$$t = \frac{v \sin \alpha}{a}$$

其中，t 为演员上升所用的时间，v 为发射出去时的速度，α 为炮膛的倾斜角，a 则是加速度。

除此之外，我们还知道下面的公式：

$$h = \frac{gt^2}{2}$$

这里的 h 指的是演员上升的高度。

可以得到：

$$v = \frac{\sqrt{2gh}}{\sin\alpha}$$

其中，公式右边的各个数值为已知条件。在这里，$g=9.8$ 米/秒^2，$h=19$ 米，因此速度是

$$v = \frac{\sqrt{2 \times 9.8 \times 19}}{0.94} \approx 20.5 \text{（米/秒）}$$

即演员从炮膛里发射出去时的速度为 20.6 米/秒。从下面的式子：

$$v^2 = 2aS$$

我们就可以计算出演员在炮膛里得到的加速度是

$$a = \frac{v^2}{2S} = \frac{20.5^2}{12} \approx 35 \text{（米/秒}^2\text{）}$$

此加速度大约是重力加速度的 $3\frac{1}{2}$ 倍，即除去演员自己的体重，他的身上又增加了 $3\frac{1}{2}$ 倍的自身体重，因此他觉得自己的体重变成了原本的 $4\frac{1}{2}$ 倍。

那么，对演员而言，体重增加的过程会维持多久呢？答案就在下面的算式中：

$$S = \frac{at^2}{2} = \frac{at \cdot t}{2} = \frac{vt}{2}$$

$$6 = \frac{20.5 \times t}{2}$$

$$t = \frac{12}{20.5} \approx 0.6 \text{（秒）}$$

即演员在半秒多钟的时间里，会觉得自己的体重增加了很多。假设，他的体重是 70 千克，那么他会觉得自己的体重变成了 315 千克。

接下来，我们就对这个有意思的杂技进行深入的研究。演员从炮膛里发射出去之后，先在空中飞一段时间，期间会有失重的感觉，那么这段时间到底有多长呢？

我们在前面了解到，用来计算演员飞行时间的公式是

$$t = \frac{2v\sin\alpha}{a}$$

将之前的各项数值代进去，可以得出

$$t = \frac{2 \times 20.5 \times \sin 70°}{9.8} \approx 3.9 \text{（秒）}$$

即演员的失重感大约维持了4秒钟。

从之前的分析中得知，演员在落到网上时，觉得自己又变重了。请问，他的体重增加了多少？又会维持多长时间呢？我们可以用相同的方法得出答案。假设网和炮口一样高，那么演员落到网上的速度就等于发射出炮膛时的速度。但在图中，网的高度明显低于炮口的高度，因此演员落在网上的速度会大一点，只是差距非常小。为了让计算变得简单一些，我们对这个差距忽略不计。那么，演员到达网上时的速度就是20.5米/秒，这个数值是前面计算出来的。经过测量可知，演员落到网上陷下去的深度是1.5米，因此演员以20.5米/秒的速度下落1.5米，速度会变成0。假设演员在这个过程中的加速度始终保持不变，依据公式

$$v^2 = 2aS$$

可以得出

$$20.5^2 = 2 \times a \times 1.5$$

可以得出

$$a = \frac{20.5^2}{2 \times 1.5} \approx 140 \text{（米/秒}^2\text{）}$$

由此可知，当演员落到网里的时候，加速度大约是 140 米/秒^2，约等于重力加速度的 14 倍。也就是说，从落到网上到速度变成 0 的那段时间里，他会觉得自己的体重变成了之前的 15 倍。

谢天谢地！这种非同寻常的感觉只会持续一小会儿，不然的话就算受过再多的训练也无法承受，人会活活被压死，至少无法呼吸。这是因为人体肌肉的力量非常有限，根本不可能承受如此大的重力。

飞过危桥

凡尔纳在小说《八十天环游地球》中描述了一种窘迫的处境。图 36 中的这座吊桥位于洛杉矶，由于年久失修，吊桥的桥身损坏严重，随时都可能坍塌。有一列火车经过此地，想从这座桥上开过去。

"绝对不可以，这座桥看起来马上就要坍塌了！"

"没事的，只要我开足马力全速向前冲，问题应该不大。"

列车用一种令人难以置信的速度开了过去，发动机的活塞每秒进退多达 20 次，车轴呼呼地冒着浓烟。整列火车好像脱离了轨道，列车的重力仿佛消失不见了⋯⋯天呐，它真的从吊桥上开过去了！

在列车飞过去的一瞬间，吊桥轰然坍塌，跌进了河里。

图 36 《八十天环游地球》中的吊桥

故事里的情节真的能变成现实吗？列车的重力真的会消失吗？据我们所知，火车在高速行驶时，铁路路基所承受的负荷大于火车慢行的时候。因此，火车在经过一些路基质量比较差的地方时，往往会减速。故事里的情况却完全相反，它真的能实现吗？

事实上，故事里描述的情节也不是完全没有道理。在满足一些特定条件的前提下，即便底下的桥梁正在坍塌，列车也照样可以开过去，这取决于列车开过去的速度和时间。如果时间很短，在桥梁坍塌之前，列车完全可以开过去。

接下来，我们来计算一下：

普通列车的主动轮直径大约为 1.3 米，"发动机的活塞每秒进退多达 20 次"，在这种情况下，主动轮每秒能转 10 圈。也就是说，1 秒钟之内，车轮走过的距离为 10×3.14×1.3≈41（米），即火车的速度 =41 米/秒。

一般来说，山里的溪流比较窄。假设这座吊桥长 10 米，那么火车从桥上通过的时间大概是 $\frac{1}{4}$ 秒。如果吊桥突然断裂，可算出它的下落距离大约为 30 厘米。然而，吊桥的两端不会突然彻底断裂，断裂往往是从列车先碰到的那一端开始。在断裂的一瞬间，吊桥下落的高度仅为几厘米，而且另一端仍然连着河岸，因此列车完全能够在另一端断裂之前到达对岸。

但要说明的一点是，故事中提到的"发动机的活塞每秒进退多达 20 次"，相当于列车的速度为 150 千米/小时。在那个年代，列车根本不可能达到这个速度。

此外，我们在滑冰时也可能遇到此类情况。在比较薄的冰面上，滑冰速度一定要非常快，否则冰面随时可能碎裂。

故事中提到"列车的重力仿佛消失不见了"，这种说法对物体在拱桥上运动同样适用。当物体在拱桥上快速运动时，它对拱桥的压力会随之减小。

三条轨道

【问题】如图 37 所示，在一堵竖直的墙壁上画一个直径为 1 米的圆圈。从圆圈顶点 A 沿弦 AB 与 AC 分别装两道滑槽。在点 A 处同时放三颗弹丸，其中一颗做竖直自由下落运动，另外两颗则沿着两道滑槽下落。假设滑槽里不存在摩擦力，那么先落到圆周上的会是哪一颗弹丸呢？

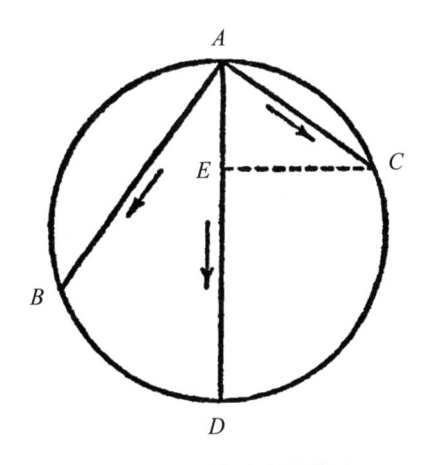

图 37 三颗弹丸的滑落轨道

【回答】在图中的三条路径中，最短的是滑槽 AC，所以大多数人会认为：首先到达的弹丸是从滑槽 AC 下落的弹丸，第二个到达的是从滑槽 AB 下落的弹丸，竖直自由下落的弹丸则最末到达。

但实验证明，三颗弹丸是同时到达的。

这是怎么回事呢？原因非常简单。虽然三颗弹丸走过的距离不同，但它们的运动速度也不同。速度最快的是竖直下落的那颗弹丸，在滑槽坡度不大的 AC 上行进的弹丸下落的速度却最小。也就是说，弹丸下落的距离越远，运动的速度就越快。接下来，我们用事实来说话。

对竖直下落的弹丸而言，它的下落时间 t 可以从下面的公式中得出：

$$AD = \frac{gt^2}{2}$$

可以得出

$$t = \sqrt{\frac{2AD}{g}}$$

沿着滑槽 AC 下落的弹丸的运动时间 t_1 是：

$$t_1 = \sqrt{\frac{2AC}{a}}$$

其中，a 是沿着滑槽 AC 运动的弹丸的加速度。我们一眼就能看出：

$$\frac{a}{g} = \frac{AE}{AC}$$

可以得出

$$a = \frac{AE}{AC} \cdot g$$

由图 37 可知

$$\frac{AE}{AC} = \frac{AC}{AD}$$

可以得出

$$a = \frac{AC}{AD} \cdot g$$

可以得出

$$t_1 = \sqrt{\frac{2AC}{a}} = \sqrt{\frac{2AC \cdot AD}{AC \cdot g}} = \sqrt{\frac{2AD}{g}} = t$$

也就是说，沿着滑槽 AC 下落的时间 t_1 和竖直自由下落的时间 t 相等。同理可得：沿着滑槽 AB 下落的时间与竖直自由下落的时间 t 也相等。

事实上，我们还可以用另一种方式来解答这道题。如图 38 所示，三个弹丸分别通过圆周上的三个点 A、B、C 在相同的时间里沿着滑槽下滑，最先到达点 D 的会是哪个弹丸呢？相信读者很快就能得出答案：这三个弹丸会同时到达点 D。

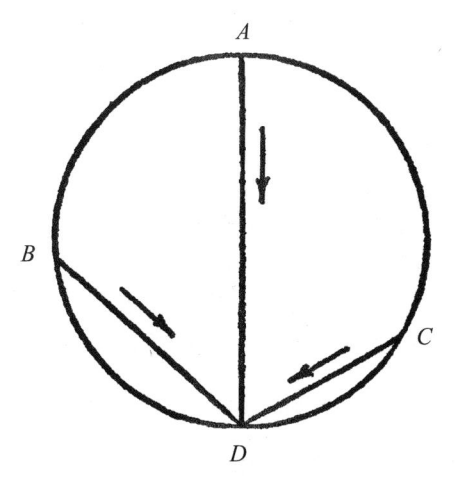

图 38　伽利略的题目

伽利略在著作《关于两个新的科学学科的谈话》中提出了这个问题，并对其进行了详细解答。同样在这本书中，伽利略还率先提出了物体下落定律。

此外，书中还有一个定律："如果从高出地平线的一个圆的最高点，分别引出多条到达圆周的倾斜平面。那么，物体沿着这些平面下落到圆周所用的时间都相等。"

关于投掷石头的问题

【问题】在一个塔顶上，用相同的速度于同一时间朝不同的方向扔出去4块石头：一块向正上方扔，一块向正下方扔，一块向左方向扔，一块向右方向扔。在4块石头下落的某一个瞬间，如果将它们到达的点作为顶点画一个四边形，那么这个四边形会是什么形状呢？（空气阻力忽略不计）

【回答】看到题目，很多人也许会想：这个四边形就像一只风筝。他们的理由是：朝正上方扔出去的石头，在扔出去的一瞬间，它的速度比朝正下方扔出去的石头慢，朝水平方向扔出的两块石头的速度却是一样的，所以它们的运动轨迹是对称的曲线。很明显，这些人遗漏了一个问题：在下落的那一瞬间，4块石头所形成四边形的中心点的下落速度是怎么样的？

换一个角度，或许很快就能得出正确的答案了。我们假设石头的重力为0，可以得出以下结论：

4块扔出去的石头形成的四边形正好是正方形。也就是说，无论在什么时候，这4块石头都在一个正方形的4个顶点上。如果考虑重力的影响，情况会怎么样呢？忽略空气阻力的影响就意味着介质没有阻力，在这种情况下，任何物体的下落速度都是一样的。因此，4块石头在重力的作用下，下落的距离也是一样的。换言之，即便考虑到了重力的影响，这4块石头仍然在一个正方形的顶点上。

与两块石头有关的问题

【问题】在一个塔顶上，同时扔出去两块石头，速度为3米/秒：一块扔向正上方，一块扔向正下方。请问：它们远离彼此的速度为多少？（假设空气阻力为0）

【回答】按照之前题目的分析，我们很快就能得出一个结论：两块石头远离彼此的速度为3+3=6（米/秒）。在这道题目中，你也许会觉得很奇怪，它们下落时不是都有速度吗？事实上，这个速度什么作用都没有。该答案对于天体运动同样适用，比如地球、月球、木星。

球可以飞到多高

【问题】两个相距 28 米的人正在打球，其中一个人将球扔向另一个人，球在空中飞行了 4 秒。那么请问：球能够到达的最大高度是多少？

【回答】在本题中，球总共飞行了 4 秒。在这段时间里，球同时做了两个方向的运动：一个水平运动，一个竖直运动。意思就是，球上升和下落总共花费了 4 秒，上升和下落各花了 2 秒。因此，球下落的距离为

$$S = \frac{gt^2}{2} = \frac{9.8 \times 2^2}{2} = 19.6（米）$$

由此可知，球能够到达的最大高度为 19.6 米。题目中给出的两个人之间的距离为 28 米，这是个多余的条件。需要特别留意的是，如果球的运动速度不够快，空气阻力往往可以忽略不计。

第五章

圆周运动

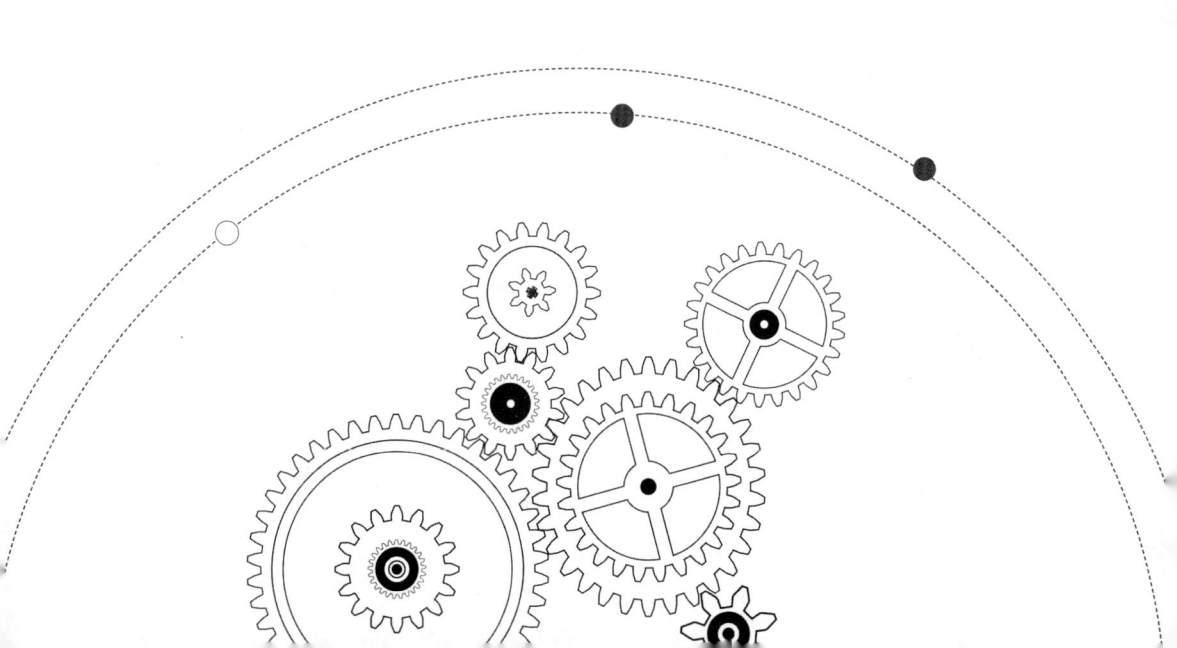

向心力是什么

在后文中，我们可能会用到一些不太常见的概念，现在就用一个例子来说明一下。

如图 39 所示，将一个钉子钉在一张光滑的桌面中央，用一根细绳将一个小球拴在这个钉子上。假设我们弹一下小球，给它一个初速度，它就会匀速前进。等到绳子被拉直后，它会开始做圆周运动，其半径为绳子的长度，圆心则是钉子，并且速度始终不变。这时，如果我们用火柴将绳子烧断，如图 40 所示，小球便会在惯性的作用下，沿着圆周的切线方向飞出去。我们用砂

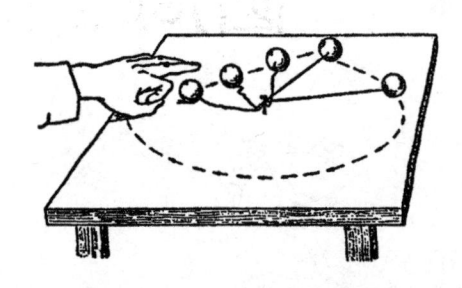

图 39 把线拉直后，小球会开始匀速圆周运动

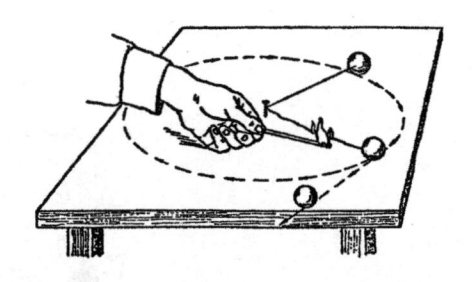

图 40 把线烧断后，小球沿着圆周的切线方向飞了出去

磨刀时，会看见火花沿着砂轮边缘的切线方向飞出去，它们的道理是一样的。这是因为绳子的张力使小球原本的匀速直线运动最终变成圆周运动。从牛顿第二定律得知，作用力和物体得到的加速度成正比，二者的方向一致。因此，小球受到绳子的张力作用，一定会得到一个加速度，并且加速度的方向和小球受到绳子作用力的方向一致，都面向钉子。在惯性的作用下，小球想继续保持之前的匀速直线运动，但由于绳子对它的张力，小球不得不绕着圆心做圆周运动。这里的张力又叫作向心力，这里的加速度则叫作向心加速度。

假设小球进行圆周运动时的速度为 v，圆周的半径为 R，那么向心加速度 a 便是

$$a = \frac{v^2}{R}$$

由牛顿第二定律可知，这里的向心力是

$$F = ma = m\frac{v^2}{R}$$

接下来，我们就来推导向心加速度的公式。如图 41 所示，假设在某一时刻小球旋转到了点 A。这时，假如我们将细绳烧断，小球便会沿着切线的方向飞出去，如果它在时间 t 之后到达点 B，那么它在此期间运动的距离就是 AB，因此 $AB=vt$。前面已经讲过，在细绳烧断之前，小球在细绳的张力，即向心力的作用下做圆周运动。在相同的时间内，它会到达圆周上的点 C。经过点 C

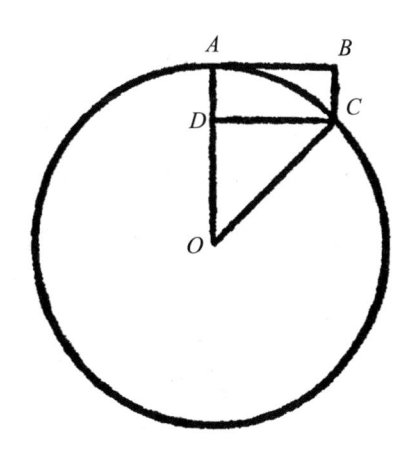

图 41　向心加速度的推导方法示意

作与半径 OA 互相垂直的垂线 CD，那么 CD 的长度就应该与小球在向心力作用下走过的距离相等。根据匀加速运动公式

$$AD = \frac{at^2}{2}$$

其中，a 代表向心加速度。然后根据勾股定理

$$OC^2 = OD^2 + DC^2$$

我们已经知道

$$CD = AB = vt$$

$$OD = OA - AD = R - \frac{at^2}{2}$$

$$OC = R$$

得出

$$R^2 = \left(R - \frac{at^2}{2}\right)^2 + (vt)^2$$

$$R^2 = R^2 - Rat^2 + \frac{a^2t^4}{4} + v^2t^2$$

$$Ra = v^2 + \frac{a^2t^2}{4}$$

在这里，时间 t 非常小，约等于 0，然而上面的式子中含有 t 的项仅有一个，即 $\frac{a^2t^2}{4}$，这个数值会更小，我们暂时不考虑它，就会得出下面的式子：

$$a = \frac{v^2}{R}$$

第一宇宙速度

众所周知，由于受到地球的引力，地球上空的物体都会被吸引到地球上来。为什么人造地球卫星却能在太空中飞行，而不会掉下来呢？这是因为，运载人造地球卫星的是一个多级火箭，它会给人造地球卫星提供一个非常大的速度，大约为 8 千米/秒。

如果一个物体用这么快的速度飞行，它就不会被吸引到地面上，而是会变成人造地球卫星，并在地球引力的作用下，围绕地球做曲线运动。准确地说，它的运动是沿着一个封闭的椭圆形轨道进行的。

实际上，在一些情况下，人造地球卫星的轨道也可以作为一个围绕地球的圆周看待。接下来，我们就来计算一下人造地球卫星的运行速度。

人造地球卫星在圆周轨道上飞行的时候，会受到向心力的作用。事实上，这里的向心力就是地球的引力。假设人造地球卫星的质量为 m，它做圆周运动时的速度是 v，轨道半径是 R，那么向心力 F 就可以用下面的式子来表示：

$$F=m\frac{v^2}{R}$$

依据万有引力公式，可以得知：

$$F=\gamma\frac{mM}{R^2}$$

其中，M 代表地球的质量，γ 代表引力常数。

通过这两个式子可以得出

$$m\frac{v^2}{R}=\gamma\frac{mM}{R^2}$$

速度 v 为

$$v=\sqrt{\frac{\gamma M}{R}}$$

如图 42 所示，假设人造地球卫星与地面之间的距离是 H，地球的半径是 r，那么上面的式子就会变成

$$v=\sqrt{\frac{\gamma M}{r+H}}$$

为了计算的时候更简单，我们还可以再变化一下上面的式子。据我们所知，地面上的物体受到的引力都是 mg，即

$$mg=\gamma\frac{mM}{r^2}$$

得出

$$\gamma M=gr^2$$

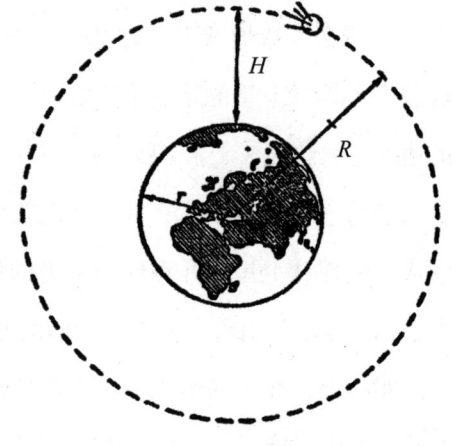

图 42　人造地球卫星在距离地面 H 的高度上做圆周运动

进一步能够得出

$$v=\sqrt{\frac{gr^2}{r+H}}=r\sqrt{\frac{g}{r+H}}$$

其中，g 代表的是地面的重力加速度。

假设公式中的 H 比较小，与地球的半径相比，完全用不着考虑，我们可以认为 $H=0$，上面的公式就可以化简成

$$v=r\sqrt{\frac{g}{r}}=\sqrt{gr}$$

一般来说，我们取重力加速度 $g=9.81$ 米/秒^2，地球半径 $r=6\ 378$ 千米。将这两个数值代入公式中，就可以计算出第一宇宙速度：

$$v=\sqrt{9.8\times110^{-3}\times6\ 378}=7.9（千米/秒）$$

即当人造地球卫星围绕地球做圆周运动的时候，它的速度为 7.9 千米/秒。当然，地球表面凹凸不平，再加上空气阻力，人造地球卫星不可能完全沿着圆周轨道做运动。如果将圆周轨道的高度增加，那么人造地球卫星的速度就会减慢。

超级简单的增重方法

看望病人时，我们往往会说"注意身体""你瘦了"……如果只是想让病人的体重增加，方法很简单，而且这个方法既不用增加营养，也不用注意健康，只要坐在图 43 所示的旋转木马上不断旋转就行了。这时，他可能并没

有察觉到自己的体重增加了。那么，怎么知道他的体重增加了多少呢？下面，我们就来计算一下。

图 43　旋转木马

如图 44 所示，MN 为旋转木马旋转时的轴，在轴 MN 转动时，四周的木马车厢就会在惯性的作用下载着乘客，沿着切线的方向做圆周运动。此时，木马车厢与乘客远离了轴 MN（图 44）。乘客的体重可以分成两个力：一个是让乘客做圆周运动的水平方向的力 R，另一个则是沿着悬索方向的力 Q，将乘客压向木马车厢的座位上，它会让乘客觉得自己变重了。所以，乘客在旋转木马上的体重比正常的体重 P 略大，等于 $\dfrac{P}{\cos\alpha}$。要求出角 α，就必须先计算出力 R。力 R 作为向心力，它得到的向心加速度是

$$a = \dfrac{v^2}{r}$$

其中，v 代表木马车厢中心的速度，r 代表圆周的半径（木马车厢的重心到轴 MN 之间的

图 44　作用于木马车厢上的力

距离）。假设此数值为 6 米，旋转木马转动的速度为 4 转 / 分钟，即车厢在 1 秒钟内转了 $\frac{1}{15}$ 圆周，可以得出圆周的速度 v 是

$$v = \frac{1}{15} \times 2 \times 3.14 \times 6 \approx 2.5 \text{（米/秒）}$$

力 R 得到的向心加速度是

$$a = \frac{v^2}{r} = \frac{250^2}{600} \approx 104 \text{（厘米/秒}^2\text{）}$$

力 R 与向心加速度 a 成正比，由此可以得出

$$\tan\alpha = \frac{104}{980} \approx 0.1$$

得出

$$\alpha \approx 7°$$

经过之前的分析，我们得知"新的体重" $Q = \frac{P}{\cos\alpha}$，可以得出

$$Q = \frac{P}{\cos 7°} = \frac{P}{0.94} = 1.006P$$

假设，此人的体重为 60 千克，那么当他坐在旋转木马上旋转的时候，体重比原来增加 360 克，变成 60.36 千克。在刚才谈及的例子中，木马旋转得比较慢，所以人的体重增加得并不多。如果木马旋转得非常快，而且半径很小，那么此人增加的体重就绝不止这些，可能会达到原本体重的很多倍。你们听说过一种叫"超离心机"的装置吗？它的转速竟然能达到 80 000 转 / 分钟，可以让物体的重力变成原本的 25 万倍！在这种装置上，哪怕只有一滴质量仅为 1 毫克的水滴，它的重力也可以达到 $\frac{1}{4}$ 千克。

对星际航行来说，使用一些大型离心机来检验人体对大幅超重的耐力具有重大意义。在这些仪器上，只要选择一定的半径和速度，不管我们想增加

多少体重，都一定能实现。实验结果显示，一个人能在短短几分钟内承受几倍于自身的体重，并且完好无损，就足以让我们安全地飞向宇宙了。

今后，如果读者朋友们再去祝福病人，我建议你不要再说"多吃点，长胖点"，病人在听到"祝你身体健康"时应该会更愉快。

存在安全隐患的旋转飞机

人们想在一座公园中修建旋转飞机，设计者以孩子们玩的"转绳"为模型，计划在绳子的末端装一些飞机模型。当绳索以比较快的速度旋转时，飞机模型就会被抛出去，带着乘客一起飞起来。设计者试图让这座转塔的转数到达某个数值，并让绳索达到接近水平的位置。但令人遗憾的是，其设计思路只能停留在想象的阶段，因为绳索必须具有一定的倾斜度，乘客才不会有危险。假设，人体能承受的最大超重为自身体重的3倍，我们就可以计算出此时绳索的位置与竖直线之间的夹角。

按照图44中的情形，我们假设人体所能承受的最大重力是自身体重的3倍，就能得到下面的比值：

$$\frac{Q}{P}=3$$

我们了解到

$$\frac{Q}{P} = \frac{1}{\cos\alpha}$$

可以得出

$$\frac{1}{\cos\alpha} = 3$$
$$\cos\alpha = \frac{1}{3} \approx 0.33$$

可以得出

$$\alpha \approx 71°$$

因此，绳索偏离竖直线的角度必须小于或等于 71°，即与水平方向之间的夹角不小于 19°。

图 45 所示是一种旋转飞机，绳索的倾斜度并没有达到极限值。

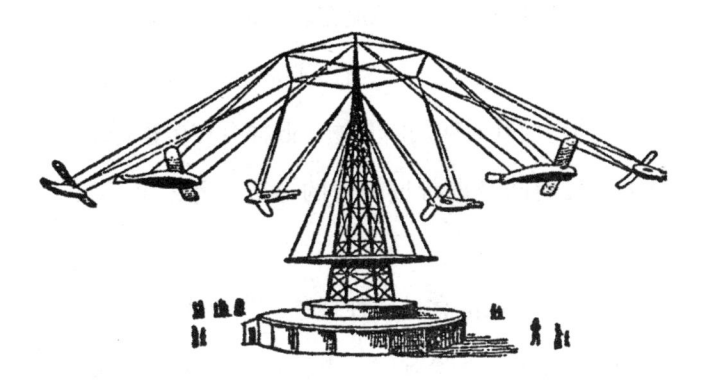

图 45　旋转飞机

铁轨在转弯的时候为什么会倾斜

一位物理学家曾说："有一天，我坐着火车去旅行，火车转弯时，我突然发现铁路旁边的树木、房屋、工厂烟囱全都变斜了。"

如果你们乘坐火车时也注意一下，同样会看到这样的景象。

那么，我们应该怎么解释呢？难道在转弯的这个地方，一条铁轨高于另一条铁轨，火车才会倾斜着前进吗？当然不是。如果此时坐在火车里你没有往外看，而是将头伸出窗外看四周的景物，照样会产生这样的错觉。

在上一节中，我们已经进行过类似的分析，此处就不再解释具体的原因了。

我相信，读者朋友肯定留意过一种现象：当火车转弯时，在车顶上悬挂的悬锤或其他物体也会跟着变得倾斜。也就是说，此时出现了一条新的竖直线，它取代原本那条竖直线的位置，令原本处于竖直状态的物体看起来变得倾斜了。

如图46所示，我们可以计算出竖直线的新方向。图中，P是重力，R是向心力，Q则是它们的合力，即乘客感受到的重力。车上的任何物体都会朝

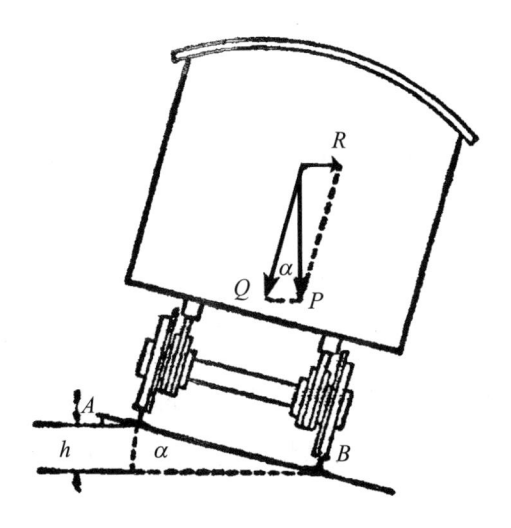

图 46　上部分是火车转弯时所受力的示意，下部分是铁轨界面的斜倾高度示意

着这个方向倾斜。我们可以从下面的算式中得出这个新的方向和原本的竖直线之间的夹角 α：

$$\tan\alpha = \frac{R}{P}$$

然而，力 R 和向心加速度 $\dfrac{v^2}{r}$ 成正比。其中，v 代表速度，r 代表转弯处的曲率半径。力 P 和重力加速度 g 成正比，因此

$$\tan\alpha = \frac{v^2}{r} \div g = \frac{v^2}{gr}$$

假设火车的速度为 18 米/秒，转弯处的曲率半径为 600 米，得出

$$\tan\alpha = \frac{18^2}{600 \times 9.8} \approx 0.055$$

得出

$$\alpha \approx 3°$$

即这个新的竖直线与真正的竖直线之间的夹角为 3°。在一些转弯半径较小，或转弯较多的情况下，如果在火车上看窗外的景物，看到的竖直景物可能会偏离 10°，或者更大。

如果想让火车在转弯时仍然保持平稳，在铺设铁轨时，就要于转弯的地方将外面那条铁轨铺得高一点，具体的高度必须根据据倾斜的角度来确定。例如，在图 46 所示的例子中，转弯地方的外面一条铁轨比里面的铁轨高多少呢？假设高度差为 h，我们可以依据下面的式子来计算得出：

$$\frac{h}{AB} = \sin\alpha$$

其中，AB 代表两条铁轨之间的距离，通常为 1.5 米，这里的角 α 已经知道是 3°。

$$\sin\alpha = \sin 3° = 0.052$$

得出

$$h = AB\sin\alpha = 1\,500 \times 0.052 \approx 80（毫米）$$

即外面的铁轨比里面的铁轨高 80 毫米。当然，此高度差只适用于一定的行车速度，并不是对任何行车速度都适用，所以在铺设铁轨时，人们往往会根据一般的行车速度来设计。

奇妙的赛道

在铁路转弯的地方，两条铁轨之间的高度差并不明显，用肉眼几乎看不出来。但在环形的自行车赛道上，我们一眼就能看出转弯处的情形。一般来说，自行车的速度非常快，转弯处的曲率半径非常小，所以赛道内、外的倾斜角往往非常大。例如，假设自行车的速度为 72 千米 / 小时（20 米 / 秒），赛道的曲率半径为 100 米，那么倾斜角便是

$$\tan\alpha = \frac{v^2}{r} \div g = \frac{400}{100 \times 9.8} \approx 0.4$$

得出

$$\alpha \approx 22°$$

显而易见，此角度非常大，如果我们站在上面，根本就站不住。可是，对在这种赛道上进行自行车比赛的选手而言，他们会觉得只有在这样的赛道上行驶才是最平稳的，这就是重力作用的神奇现象。除了自行车赛道之外，人们在修建汽车比赛的赛道时也用到了这个原理。

此外，我们经常在杂技表演中看到一些很奇特的现象，比如演员做出的

特技动作，这些动作并没有违背力学定律。例如，一名表演者在一个半径为5米或更小的"漏斗"中骑自行车转圈。若自行车的速度为10米/秒，那么"漏斗"的倾斜角便是

$$\tan\alpha = \frac{10^2}{5\times 9.8} \approx 2.04$$

得出

$$\alpha \approx 63°$$

"漏斗"的壁面极其陡峭，观众也许会觉得表演者具有某种特殊的技能。事实上，由力学定律可知，在一定速度下，表演者完全可以保持平衡。

飞行员看到的地平面

如图47和图48所示，看到飞机在空中绕圈飞行的时候，你肯定会以为飞行员正在小心翼翼地驾驶飞机，因为飞机倾斜得实在太厉害了，稍不留神就会掉下来。事实上，飞行员完全没有这样的感觉，甚至察觉不到飞机正在倾斜，只感觉到自己的体重在增加或减小，以及地面看起来变得倾斜了。

接下来，我们便来简单地预估一下，飞行员"急转弯"的时候，他看到的水平面倾斜的角度到底是多少，以及他的体重增加了多少。

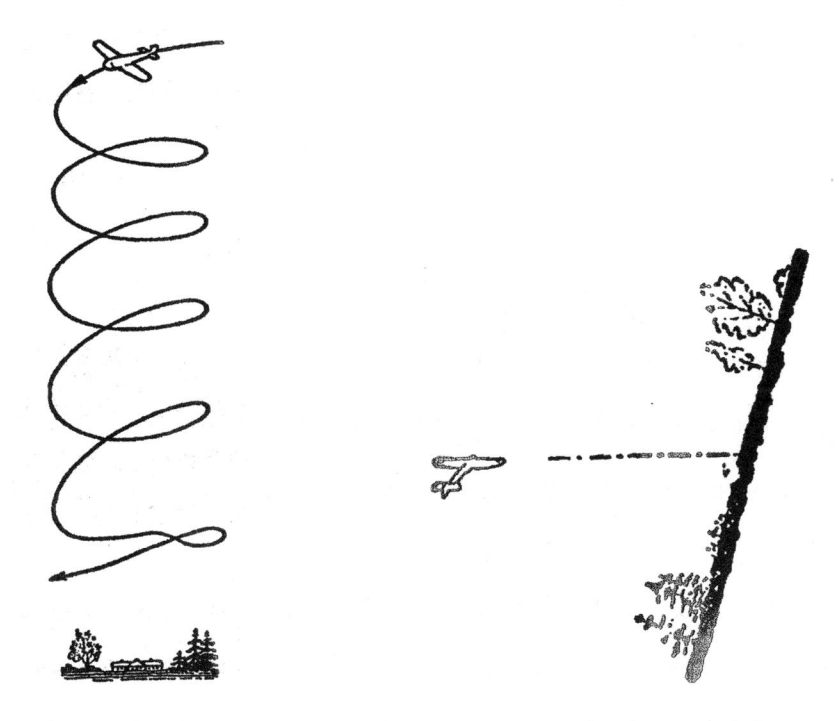

图 47　飞行员在空中绕圈飞行　　　　图 48　图 47 中飞行员眼中的地平面

我们已经知道，飞行员驾驶飞机的速度为 216 千米/小时（60 米/秒），飞机的旋转直径为 140 米，那么，它的倾斜角便是

$$\tan\alpha = \frac{v^2}{gr} = \frac{60^2}{70 \times 9.8} \approx 5.2$$

$$\alpha \approx 79°$$

这个角度非常大，飞行员看到的地平面几乎是竖直的，与竖直方向的角度之间仅仅相差 11°。

需要特别注意的是，在实际情况下，飞行员看到的倾斜角并没有图 48 所示的那么大，这可能是生理上的原因。

回到之前的题目，飞行员增加的体重是多少？根据之前的分析，我们可

以得知，增加的体重和原本体重 P 的关系为

$$\frac{Q}{P} = \frac{1}{\cos\alpha}$$

已经知道

$$\tan\alpha \approx 5.2$$

根据三角函数表，我们能够查出 $\cos\alpha=0.19$，它的倒数就是 5.3，即飞行员感受到的体重是自身体重的 5 倍，也可以这样说，在盘旋飞行的过程中，飞行员施加给飞机座位的力是他进行直线飞行时的 5 倍。

如图 49 和图 50 所示，我们看到的情况是一样的，飞行员看到的地面也是倾斜的。

对飞行员来说，体重增加得过多，对身体的伤害足以致命。据说，以前发生过这样一件事情：一位飞行员在驾驶飞机进行急转弯飞行的时候，突然觉得座位把自己牢牢地"拴"住了，两手完全失控。后来，人们经过计算得知，此时他的体重变成了原来体重的 8 倍。幸运的是，这位飞行员最终活了下来。

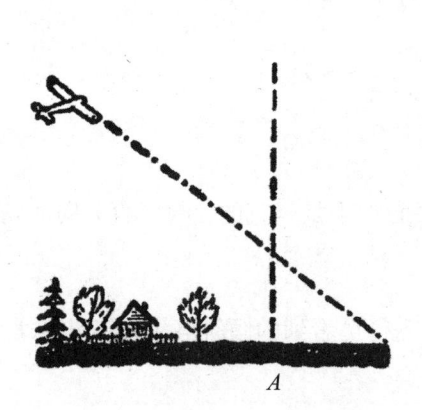

图 49　飞行员以 190 千米／小时的速度进行半径是 520 米的曲线飞行

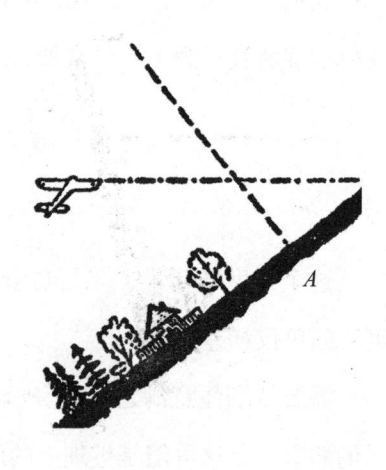

图 50　图 49 中飞行员眼中的地平面

弯弯的河流

人们早就发现，所有的河流都像蛇一样弯弯曲曲。这是什么原因呢？难道是地形的原因吗？后来人们又发现，在一些地势非常平坦的地区，河流也不是呈直线状，同样是曲折流淌。人们觉得非常困惑：为什么在平坦的地方，河流也没有沿着直线方向流淌呢？

有人对此进行了深入研究，结果有了出人意料的发现：河流向直线方向流动的时候最不稳定，在地势平坦的地方同样如此。在这个世界上，从来没有一条河流是沿着直线方向流淌的。让河流沿着直线方向流淌的想法，大概只存在于理想的条件下，但这样的条件永远不可能实现。

我们假设真的有这样一条河流存在，它在土壤结构大致相同的地方沿着直线方向流动。请问，这种状态会持续多长时间呢？也许只是一个非常偶然的因素，如土壤的细微差别，就会改变水流的方向。偏离了原本方向的河流还能回到原本的方向吗？不仅不可能，偏离反而更加明显。也就是说，河流偏离原本方向的程度将会越来越大。

如图 51 所示，处于河流弯曲地方的水流沿着曲线流动。此时它会在离心力的作用下，对凹进去的岸 A 施压，冲洗岸 A，并且远离凸出去的岸 B。如果要河流恢复最初的直线方向，就要反过来，让水流冲洗凸出去的岸 B，而远离凹进去的岸 A。受到冲洗后，岸 A 凹下去的程度会更严重。也就是说，河流会弯曲得越来越明显。结果变成：离心力不断变大，这个力又对离心力产生作用，令凹下去的岸 A 越来越弯曲。最终，岸 A 会出现很大的弯曲，并且一直弯下去。

图 51　在离心力的作用下，一些细小的水流越来越弯

当水流处于凹下去的岸边时，速度会略微快一点儿，因为离心力对它产生了作用。于是，泥沙会在凸出来的岸边堆得越来越多。而对于凹下去的岸边，情况正好相反，泥沙受到的冲刷越来越强烈，所以这一侧的河流会变得更深。

我们看到凸出来的岸边比较平缓，而凹下去的岸边却比较陡峭，就是这个原因。

对于小河而言，哪怕一个很微小、很偶然的因素，也会使它蜿蜒流淌。基于同样的原因，世界上所有的河流都会变得越来越弯曲。

我们来研究一下河流的弯曲会怎样发展下去。如图 52 所示，河床从图 52（a）到图 52（h）逐渐变化，最终变得蜿蜒曲折。在图 52（a）中，河流只是稍微有点弯曲；在图 52（b）中，河流开始变得弯曲了一些，并且稍稍离开了凸出来的岸边；在图 52（c）中，河床变大了；在图 52（d）中，河流原来弯曲的部分变成了很宽的河谷，河床只占非常小的一部分；在图 52（e）、图 52（f）中，河谷的面积继续变大；在图 52（g）中我们会发现，河床已经非常弯曲，几乎变成一个环形；在图 52（h）中，河流于弯曲的河床附近打通了另一条道路，这是一条捷径，在河谷凹下去的地方形成弓形的沼泽，沼泽里那些被"遗弃"的水彻底变成死水。

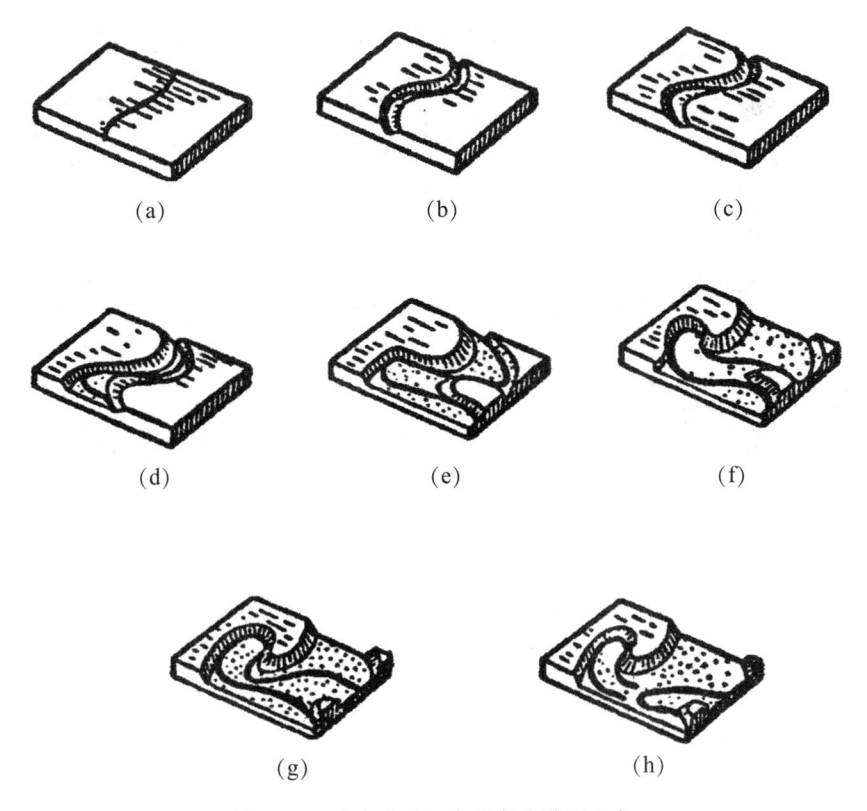

图 52　河流在弯曲河床的弯曲进程示意

经过之前的分析，读者应该明白了，在河流形成的平坦河谷中，河水为什么不会从中间流或顺着某一边流，而是通过凹下去的一边流向凸出来的一边。

瞧！力学就是这样将河流的"命运"玩弄于股掌之中。需要强调的一点是，也许等到1 000年以后，甚至更长时间，我们才会注意到前面提到的那些现象。但在万物复苏的春季，我们仍能发现一些相似现象，只是规模要小得多。例如，冰雪融化后形成的水会冲出一条小水流。

第六章

碰撞现象

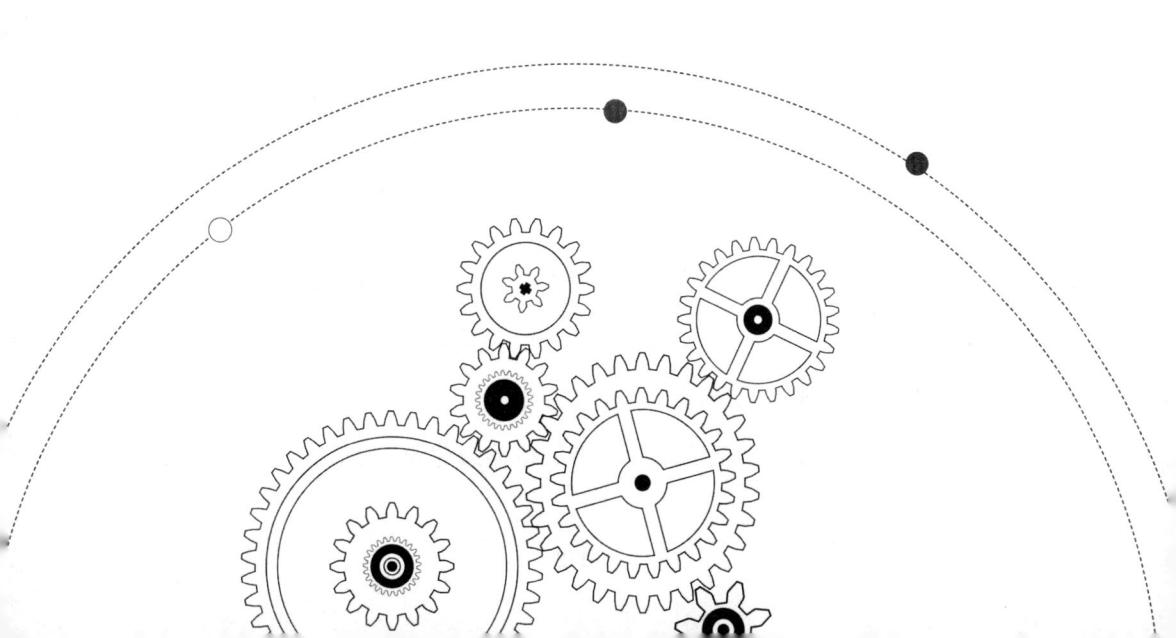

对碰撞现象的研究

在力学中,我们会专门讨论物体的碰撞问题。很多学生可能对这个研究不太感兴趣,因为它涉及许多非常复杂的公式,既不好理解,也不太好记,所以留给学生的记忆往往很不愉快。

事实上,物体的碰撞现象非常值得学习和研究。有时候,大自然中的现象甚至需要人们利用两个物体的碰撞来解释。

19世纪,著名自然科学家居维叶曾说过:"假如不产生碰撞,便不能解释原因与作用力之间的关系。"针对这句话,我们可以这样理解:无论是什么现象,只有把它看成两个物体的分子之间的碰撞,才能解释清楚。

令人遗憾的是,利用这一原理来解释世界简直是异想天开!很多现象都无法用碰撞来解释,如电气现象、光学现象、地球引力等。但是,即便到了现在,物体的碰撞原理在解释大自然现象方面仍然发挥着很重要的作用。气体分子的运动便是一个非常好的例子,它把很多现象看成是许多不断相互碰撞的分子在进行无序运动。此外,在日常生活与工程技术的发展中,物体的碰撞问题也并不少见。以全部承受撞击的机器或建筑为例,它们之所以能衡量每个部分的强度，靠的就是自己所能承受的撞击负荷。

由此可见，在力学中，碰撞知识必不可少。

碰撞力学

对物体的碰撞有了一定的了解，我们就能事先知道两个互相碰撞的物体在碰撞之后的速度。但是，碰撞后的速度首先取决于相互碰撞的这两个物体是否具有弹性。

如果两个相互碰撞的物体不存在弹性，那么这两个物体碰撞后的速度就是一样的。只要知道了互相碰撞的物体的质量与原本的速度，就能用混合法求出碰撞之后的速度。

以购买两种不同价格的咖啡为例：有两种咖啡，一种价格为 8 元/千克，另一种价格为 10 元/千克，我们分别取 3 千克与 2 千克进行混合，混合之后的咖啡价格便是：

$$\frac{3\times 8 + 2\times 10}{3+2} = 8.8（元/千克）$$

相同的道理，假设两个不存在弹性的物体原本的速度分别为 8 厘米/秒与 10 厘米/秒，那么 3 千克的前者与 2 千克的后者在互相碰撞之后的速度会

变为

$$u=\frac{3\times 8+2\times 10}{3+2}=8.8\text{（厘米/秒）}$$

一般来说，假如两个不存在弹性的物体的质量分别是 m_1 和 m_2，速度分别是 v_1 与 v_2，那么它们互相碰撞后的速度便是

$$u=\frac{m_1v_1+m_2v_2}{m_1+m_2}$$

假如我们将速度 v_1 的方向看作正方向，那么碰撞之后的速度 u 的方向就是：

· 计算结果是正数，说明 u 的方向和 v_1 的方向一样，也是正方。

· 计算结果是负数，则情况恰巧相反。

如果碰撞的是两个不存在弹性的物体，了解这些就够了。

如果是弹性物体之间的碰撞，分析的过程就相对复杂。与非弹性物体不同的是，弹性物体碰撞时，首先会在碰撞的部位发生凹陷，然后又凸起来，最终恢复原来的形状。因此，整个过程分成好几个阶段。物体凸起来时，撞过来的物体不仅会损失掉一部分在凹陷阶段的速度，凸起来时同样会失去相同的速度。但对被撞的物体来说，它增加的速度也是双倍的。简单来说就是，速度较快的物体会损失两份速度，速度较慢的物体则会同时增加两份速度。对于弹性物体之间的碰撞，记住这些就够了，再就是简单的数学计算。假设速度比较快的物体的速度是 v_1，另一个物体的速度是 v_2，它们的质量分别是 m_1 与 m_2。两个没有弹性的物体在碰撞之后会用下面的速度运动：

$$u=\frac{m_1v_1+m_2v_2}{m_1+m_2}$$

第一个物体失去的速度为 v_1-u，第二个物体增加的速度则为 $u-v_2$。在之

前分析弹性物体的时候，我们了解到，不管是失去的速度，还是增加的速度，都是双份的，即 $2(v_1-u)$ 和 $2(u-v_2)$，因此两个弹性物体在碰撞之后的速度便是

$$u_1=v_1-2(v_1-u)=2u-v_1$$

$$u_2=v_2+2(u-v_2)=2u-v_2$$

只要将之前的 u 值代入这两个式子，就能计算出两个速度值。

到这里，我们研究的是碰撞的两个极端情况，也就是完全非弹性物体之间的碰撞与完全弹性物体之间的碰撞。但在现实生活中，我们看到的情况通常介于二者之间，即两个互相碰撞的物体并非非弹性的，也并非完全弹性的。换言之，碰撞的第一个阶段后，它们并不会完全恢复原本的形状。在这样的情况下要怎么办呢？我们来研究一下。

在这里，我们只需要清楚这两个极端情况就行了。

讲到弹性物体的碰撞，我们还可以从一个简短的规则中得到解释：弹性物体经过互相碰撞之后会逐渐远离，速度和碰撞之前的速度非常接近。事实上，只要进行以下简单的思考，我们就能得到这个规则：

- *弹性物体在碰撞之前相接近的速度为 v_1-v_2。*
- *弹性物体在碰撞之后相远离的速度为 u_2-u_1。*

将之前的 u_1 与 u_2 代入上面的两个式子中，可以得出

$$u_2-u_1=2u-v_2-(2u-v_1)=v_1-v_2$$

之所以说这个性质非常重要，是因为它能让我们对弹性物体之间的碰撞产生更直观的印象。而且，它还有另外一层意思。在推导公式的过程中，我们提到过"主动撞击的物体"与"被动撞击的物体"，这里的描述是对旁观者而言的。本书一开始就是有关两个鸡蛋的题目，"主动撞击的物体与被动撞击的物体"和两个鸡蛋的情形是相同的。这两个物体可以互换角色，对整个现象的本质不会产生任何影响。这一点对本节全都适用吗？如果我们将这两个

角色互换，会对之前推导的公式有影响吗？

很明显，角色的变换不会对上面的公式产生任何影响。因为不管从哪个角度来看，两个物体在碰撞之前的速度差全都一样，所以两个物体在碰撞之后离去的速度也不变，始终是 $u_2-u_1=v_1-v_2$。也就是说，无论从哪个角度来看，两个物体互相碰撞之后都会出现相同的情形。

最后，让我们来看一些弹性小球在碰撞过程中的数据，非常有趣。两个钢球的直径都是7.5厘米，同时用1米/秒的速度朝对方撞过去，会产生1 500千克的压力。如果速度变成2米/秒，压力同样会变大，变成3 500千克。当两个钢球用不同的速度互相碰撞时，接触部分的半径也不相同，分别为1.2毫米与1.6毫米，碰撞所持续的时间却是一样的，大约为 $\frac{1}{5\,000}$ 秒。这个时间非常短，因此在如此大的压力下，钢球不会被撞坏。

需要指出的是，这两个小球之间的碰撞时间很短，所以本结论是科学的。计算结果显示，如果钢球很大，和行星差不多大，半径为上万千米，然后用1米/秒的速度互相碰撞，那么它们的碰撞就会持续40小时，互相接触部分的半径将是12.5千米，二者之间的压力会达到4万万吨。如此巨大的数值是不是让你大吃一惊？

有关皮球弹跳高度的几个问题

前面，我们推导出了与物体碰撞相关的一些公式。事实上，在现实生活中，这些公式根本没办法直接使用。因为在现实生活中很难找到"完全有弹性"或"完全没有弹性"的物体，大多数物体都不符合以上标准。换言之，绝大多数物体既不是"完全有弹性"，也不是"完全没有弹性"。举例来讲，皮球是属于何种性质的物体呢？古代寓言家也许会因为这个问题而嘲笑我们，没有关系，只要弄清楚它到底是"完全有弹性"还是"完全没有弹性"就行了。

实际上，想要对一个球的弹性进行验证非常简单，只要把它拿到一定的高度，再让它自然落到坚实的地面上就可以了。如果这个球是"完全有弹性"的，那么它落下来后再弹起来的高度就和原来的高度相同；如果它是"完全没有弹性"的，那么它就会完全弹不起来。

我们刚刚说的是"完全没有弹性"或者"完全有弹性"的球，但如果皮球不是完全有弹性的，情况又会怎样呢？想找到这个问题的答案，必须对弹性物体的碰撞进行深入的研究。当皮球到达地面的时候，它和地面接触的部分会被压扁，速度则会因为压力而减慢。此前，皮球和地面碰撞的情形与非弹性物体相同。换言之，皮球此时的速度是 u，而失去的速度是 v_1-u。但是，刚刚压扁的地方会立马凸起来。地面会阻止它的凸起，所以它必然会对地面的一个力产生作用，同时皮球也会受到一个力的作用，从而降低皮球的速度。如果皮球恢复原来的形状，这个变化正好和之前被压扁的情形相反，那么皮球就会再次失去之前失去的速度，即 v_1-u。

由此可以得知，如果皮球是"完全有弹性"的，那么它减少的速度之和为 $2(v_1-u)$，它的速度变成

$$v_1-2(v_1-u)=2u-v_1$$

如果皮球不是"完全有弹性的"，在外力的作用下，皮球的形状发生变化后再也不可能恢复原来的样子。换言之，让皮球恢复成原本形状的力小于之前让它改变形状的力。因此，皮球在恢复形状的过程中失去的速度就比在形状改变的过程中失去的速度小，它只相当于 v_1-u 的一部分。如果我们将恢复系数用 e 表示，那么皮球在弹性碰撞的整个过程中，前一阶段失去的速度保持不变，仍然是 v_1-u，后一阶段失去的速度则是 $e(v_1-u)$，皮球失去的速度之和就是 $(1+e)(v_1-u)$。因此，皮球碰撞后的速度 u_1 等于

$$u_1=v_1-(1+e)(v_1-u)=(1+e)u-ev_1$$

我们在这里讨论的是皮球碰撞地面的情形。根据反作用定律，地面在皮球的作用下，速度同样会发生变化，得出

$$u_2=(1+e)u-ev_2$$

它们之间的差 u_1-u_2 为

$$u_1-u_2=ev_2-ev_1=e(v_2-v_1)$$

因此，对皮球而言，恢复系数 e 等于

$$e = \frac{u_1 - u_2}{v_2 - v_1}$$

此外，我们讨论的是皮球撞向地面的情况，因此 $u_2 = (1+e)u - ev_2 = 0$，$v_2 = 0$，那么可以得出

$$e = -\frac{u_1}{v_1}$$

其中，u_1 代表的是皮球跳起时的速度，它等于 $\sqrt{2gh}$，其中，h 代表皮球跳起的高度；$v_1 = \sqrt{2gH}$，H 代表皮球落下的高度。由此可以得出

$$e = \sqrt{\frac{2gh}{2gH}} = \sqrt{\frac{h}{H}}$$

我们推导出的就是皮球的恢复系数的计算公式。从某种意义上来说，恢复系数 e 意味着皮球"不完全弹性"的程度。从表达式能够看出来，只要我们将皮球落下的高度测量出来，将得到的两个数值相除，然后再开方，就能得到想要的答案了。

按照物体的运动规则，当网球从 250 厘米的高度下落的时候，它弹起的高度为 127~152 厘米，如图 53 所示。因此，网球的恢复系数为 $\sqrt{\frac{127}{250}} \sim \sqrt{\frac{152}{250}}$，即 0.71~0.78。

接下来，我们用 e 的平均值为 0.75，也就是弹性程度为 75% 的皮球作为例子，来看看运动员们很感兴趣的几个事例。

第一个例子：使皮球在高度 H 落下，皮球

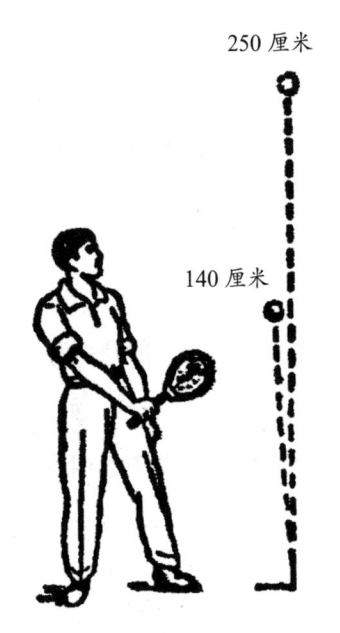

图 53 当网球从 250 厘米的高处落下时，能够跳起约 140 厘米的高度

第二次、第三次和后面每次弹起的高度分别为多少？

经过之前的分析，我们了解到，皮球第一次弹起的高度可以从下面的式子中得出：

$$e=\sqrt{\frac{h}{H}}$$

将 e=0.75，H=250 厘米代入上面的式子中，可以得出：

$$0.75=\sqrt{\frac{h}{250}}$$

$$h≈140 \text{ 厘米}$$

皮球第二次从地上弹起来时，就等于从 h=140 厘米的高度落下，接着再弹起来。如果此时皮球的高度是 h_1，可以得出

$$0.75=\sqrt{\frac{h_1}{140}}$$

$$h_1≈79 \text{ 厘米}$$

用相同的方法，我们可以计算出，皮球第三次弹起来时，它的高度是

$$0.75=\sqrt{\frac{h_2}{79}}$$

$$h_2≈44 \text{ 厘米}$$

后边每次的高度都能用这个方法计算。

如图 54 所示，如果忽略空气阻力，那么皮球从埃菲尔铁塔的顶端（高度 H=300 米）落下的时候，它第一次会弹到 168 米高的地方，第二次会弹到 94 米高的地方……其实，由于高度比较大，皮球落下的速度非常大，空气阻力的影响自然也很大。

第二个例子：如果皮球从高度 H 落下，那么它的弹跳总共会持续多长时间？我们通过下面的式子：

$$H = \frac{gT^2}{2}$$
$$h = \frac{gt^2}{2}$$
$$h_1 = \frac{gt_1^2}{2}$$

可以得出

$$T = \sqrt{\frac{2H}{g}}$$
$$t = \sqrt{\frac{2h}{g}}$$
$$t_1 = \sqrt{\frac{2h_1}{g}}$$

皮球每次弹起来的时间的和便等于

$$T+2t+2t_1+\cdots$$

将之前的公式代入，并进行计算，我们便能得到这个多项式的和：

$$\sqrt{\frac{2H}{g}}\left(\frac{2}{1-e}-1\right)$$

假设 $H=2.5$ 米，将 $g=9.8$ 米/秒^2 与 $e=0.75$ 代入上面的式子，得出的总时间就是 5 秒。也就是说，皮球会持续弹跳 5 秒钟。

如果皮球从埃菲尔铁塔的顶端落下，在忽略空气阻力的情况下，可以得出这样的结果：皮球的弹跳大约会持续 1 分钟（准确地说，是 54 秒）。但是有一个前提，那就是皮球不会被撞破。

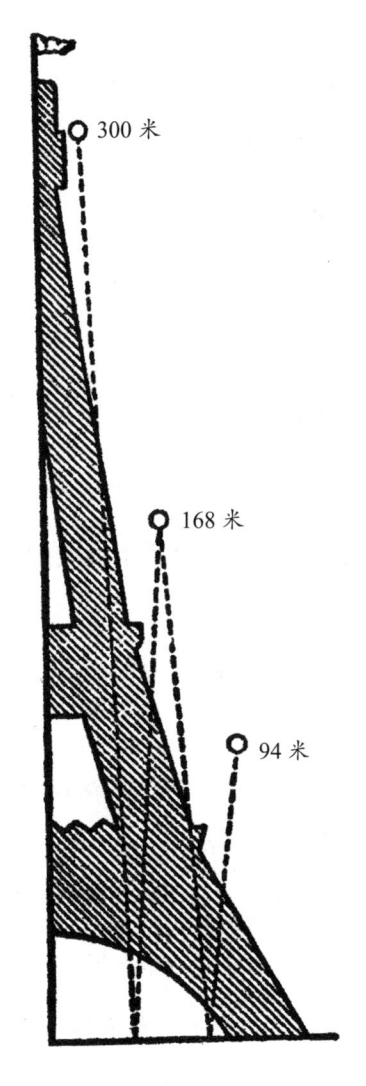

图 54　从埃菲尔铁塔塔顶落下的球可以弹得多高

如果皮球仅仅从几米高的地方落下，那么它落下时的速度并不大，因此不会受到很大的空气阻力。为此，有人曾做过专门的试验：使一个恢复系数为 0.76 的皮球从 250 厘米高的地方落下。据我们所知，如果没有空气阻力，它弹起来的高度应该为 84 厘米，但事实上，它只弹到了 83 厘米高的地方。由此可见，这个时候空气阻力并没有产生很大的影响。

两个木槌球之间的碰撞

有两个木槌球，一个放在原地不动，另一个撞击这个静止不动的木槌球，此时就会形成力学上的"正碰"与"对心碰"现象。这种撞击的碰撞方向和通过碰撞施力点的球的直径方向重合。

请问，这两个球在相撞后会怎么样？

假如这两个木槌球的质量相同，而且都是"完全没有弹性"的，那么它们相撞后的速度也相同，都与撞过去的那个球的速度的一半相等。从公式 $u = \dfrac{m_1 v_1 + m_2 v_2}{m_1 + m_2}$ 中能够得出这个结论。式子中，$m_1 = m_2$，$v_2 = 0$。

反过来，假如两个木槌球都是"完全有弹性"的，那么我们就可以下这样的结论：两个木槌球会互换速度，即撞过去的木槌球会停止运动，原本固定不动的木槌球却沿碰撞的方向进行运动，速度则和撞过来的木槌球的速度相同。对此，读者朋友们只要演算一下，很容易就能证实。打弹子球的时候，两个弹子球互相碰撞后便经常会有这样的情况发生。一般来说，这种弹子球往往是用象牙做的，而象牙的恢复系数 e 比较大，大约是 $\frac{8}{9}$。

可是在通常情况下，木槌球的恢复系数小得多，仅为 0.5，所以最终的碰撞结果就不一样了。两个木槌球会一块运动，运动的速度却不一样。撞过去的木槌球的速度小于被撞的木槌球的速度。详细的情形，我们可以根据物体碰撞的公式进行分析。

假设木槌球的恢复系数是 e。我们已经得出了两个木槌球碰撞之后的速度 u_1 与 u_2 的计算公式，它们分别为：

$$u_1=(1+e)u-ev_1$$

$$u_2=(1+e)u-ev_2$$

我们还知道

$$u=\frac{m_1v_1+m_2v_2}{m_1+m_2}$$

我们已经知道 $m_1=m_2$，$v_2=0$。代入上面的式子，可以得出

$$u=\frac{v_1}{2}$$

$$u_1=\frac{v_1}{2}(1-e)$$

$$u_2=\frac{v_1}{2}(1+e)$$

将公式变化，可以得出

$$u_1+u_2=v_1$$

$$u_2-u_1=ev_1$$

由此，我们便能精准地对木槌球相撞之后的情形进行描述。撞过去的木槌球将它的速度在两个木槌球之间重新进行了分配，被撞的木槌球得到的速度比撞过来的木槌球的最终速度大。准确来说，这两个木槌球速度的差和撞过来的木槌球原本速度的 e 倍相等，即 $u_2-u_1=ev_1$。

举例来讲，假设 $e=0.5$，那么原本静止不动的木槌球得到的速度就是撞过来的木槌球的原本速度的 $\frac{3}{4}$，撞过来的木槌球的速度则会变成原本速度的 $\frac{1}{4}$，因此落在后边的木槌球是撞过去的木槌球。

力在速度中

托尔斯泰曾写过一本书，叫作《读本第一册》，其中有一段内容是这样的：

一列火车疾驰而来，一辆载着重物的马车停在铁路和马路的交叉处。马车旁边站着一个汉子，他想赶着马车通过铁路，但是一个轮子掉了，马根本无法拖动车子。

火车上的乘务员看到了，对着司机大喊："赶快停车！"

遗憾的是，火车司机充耳不闻。他认为：此时火车根本停不下来，那个汉子又不可能把马车赶走，所以马车肯定会被火车撞到。最后，他没有将火车停下，而是以最快的速度开了过去。

赶马车的汉子吓得赶紧躲开，呆呆地看着火车呼啸而过，马车像木片似地被抛到了一旁。

火车司机对乘务员说："现在，我们损失的只是一匹马和一辆马车，如果按你说的去做，火车上的人全都要遭殃，甚至会丧命。要知道，火车行驶时速度很快，会把马车撞开，但能保证火车丝毫无损，若行驶的速度很慢，火车就很可能脱轨。"

依据力学原理，此事说得通吗？很明显，火车与马车都不是"完全有弹性"的物体。它们相撞的时候，被撞的马车在碰撞之前一直静止不动。我们来假设，火车的质量和速度分别是 m_1 与 v_1，马车的质量和速度分别是 m_2 与 v_2（$v_2=0$），那么根据之前的公式，可以得出：

$$u_1=(1+e)u-ev_1$$

$$u_2=(1+e)u-ev_2$$

$$u=\frac{m_1v_1+m_2v_2}{m_1+m_2}$$

可以得出

$$u=\frac{v_1+\frac{m_2}{m_1}\times v_2}{1+\frac{m_2}{m_1}}$$

马车的质量非常小，所以马车的质量 m_2 与火车的质量 m_1 之比 $\frac{m_2}{m_1}$ 很小，完全可以不用考虑，所以我们可以得出

$$u \approx v_1$$

带进上面的第一个式子，可以得到

$$u_1=(1+e)u-ev_1=v_1$$

即两车相撞以后，火车仍然用之前的速度前进，因此乘客不会感觉到一丝一毫的震动。

那马车又会怎样呢？相撞后，它的速度会变成

$$u_2=(1+e)u-ev_2=(1+e)v_1$$

可以看出，马车的速度比火车大得多。在相撞之前火车的速度越大，在相撞之后马车获得的速度就越大，即马车被撞的力量也就越大。这一点意义重大：为了避免火车事故，必须将马车的摩擦力克服掉，除非有足够大的碰撞力量，马车才不会停在铁轨上。

由刚才的分析可知，火车司机做得非常对。他将火车以最快的速度开过去，撞开了马车和马，避免火车自身受到更大的伤害。但有一点要说明一下，在托尔斯泰那个时代，火车的速度其实并不快。

"胸口碎大石"的把戏

很多人看过一种杂技表演：

演员平躺于某个平面上，胸口上放着一块很重的铁砧。旁边有两个大力士举起手中的铁锤，用力砸向铁砧。我相信，看到图 55 所示的情景，好多人一定会印象深刻。

观众们都觉得很奇怪：一个大活人，怎么可能承受得了那样的撞击与震动呢？

图 55 "胸口碎大石"表演

如果你对弹性物体碰撞的原理有所了解，就知道这是怎么回事了。铁砧的质量比铁锤大得多，两者之间的差距越大，当它们相撞的时候，铁砧得到的速度就越小。也就是说，此时铁砧下面的人受到的震动也越小。

据我们所知，在弹性物体相互碰撞的时候，有下面的公式：

$$u_2 = 2u - v_2 = \frac{2(m_1v_1 + m_2v_2)}{m_1 + m_2} - v_2$$

其中，m_1代表铁锤的质量，m_2代表铁砧的质量，v_1、v_2代表它们碰撞之前的速度。据我们所知，在它们碰撞之前，铁砧是静止不动的，因此$v_2=0$。那么，上面的式子就变成

$$u_2 = \frac{2m_1v_1}{m_1 + m_2} = \frac{2v_1 \times \frac{m_1}{m_2}}{\frac{m_1}{m_2} + 1}$$

如果铁锤的质量m_1远远小于铁砧的质量m_2，那么它们的比值就会很小，完全可以不用考虑。碰撞后，铁砧的速度变成

$$u_2 = 2v_1 \frac{m_1}{m_2}$$

由这个公式可知，碰撞后铁砧的速度只是铁锤速度的很小一部分。

例如，铁砧的质量是铁锤的100倍，那么它的速度就是铁锤速度的$\frac{1}{50}$：

$$u_2 = 2v_1 \times \frac{1}{100} = \frac{1}{50}v_1$$

经过刚才的分析，我们知道，对躺在铁砧下面的演员来说，铁砧的质量越大越好。这个表演最大的困难就是：要让胸口在承受如此大的重力的时候丝毫无损。如果将铁砧的底面制作成一个特殊的形状，它与人体接触的面积就能达到最大，而不仅限于某个地方。这样一来，铁砧的重力便会分布于一

个较大的面积上，平均到每平方厘米的重力就会小得多。有时，表演者会在铁砧的底面与身体之间放一层柔软的衬垫，目的是分散力量。

  一般来说，在表演的时候铁砧确实非常重，这绝不是在欺骗观众。但是，铁锤的重量却可以掺杂"水分"。例如，表演者使用一个空心铁锤，或者不使用铁锤，而在砸下去时装出"铁锤"很沉重的样子，铁砧引起的震动就会很小很小，躺在底下的演员也就更安全了。

第七章

有关强度的几个问题

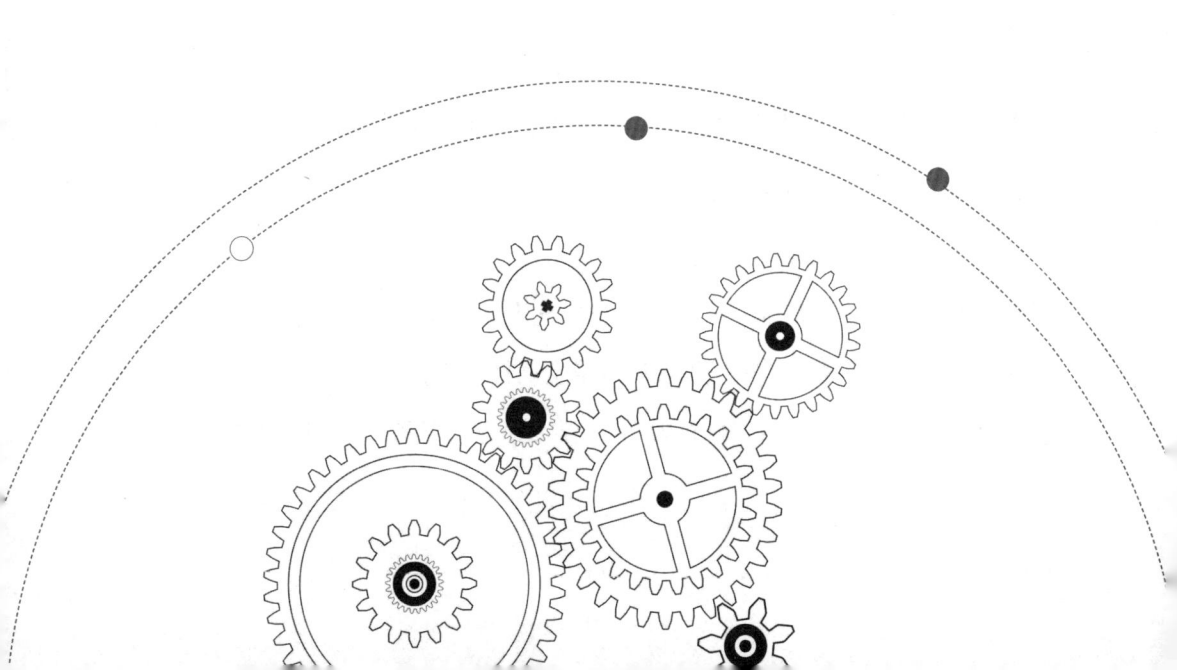

用铜丝测量海洋的深度

海洋的平均深度约为 4 千米，但在有些海域，深度也许会超出平均深度的两倍，甚至更多。我们知道，海洋最深的地方的深度大约为 11 千米，这究竟是怎么测量出来的呢？如果垂下一条长度超过 10 千米的金属丝，它会不会因为自身的重力太大而断掉？

接下来，我们可以用铜丝来做一次实验。假设这根铜丝的直径为 D 厘米，长度为 11 千米，那么它的体积就是 $\frac{1}{4}\pi D^2 \times 1\,100\,000$ 立方厘米。然而，每立方厘米铜在水里的质量为 8 克，因此这根铜丝在水里的质量是 $\frac{1}{4}\pi D^2 \times 1\,100\,000 \times 8 \approx 6\,900\,000 D^2$（克）。

假设铜丝的直径 D 是 3 毫米，那么它在水里的质量大约是 620 000 克，即 620 千克。铜丝这么细，真的能承受如此大的重量吗？我们暂时把这个问题放在一边，先来看看断掉一根金属丝或金属杆要用多大的力。

力学中有一门学科叫"材料力学"。学习了这门学科，我们就能知道，让一根金属丝或金属杆断裂的力的大小取决于金属丝或金属杆的材料、截面积以及施力的方法。

其中，它与截面积的关系最简单：截面积增大多少倍，就意味着能让金属丝或金属杆断裂的力增大多少倍。

至于它与材料的关系，我们可以用实验来说明。当金属杆的截面积是 1 平方毫米时，拉断各种材质的金属杆所需要的力各不相同，我们可以在很多工程手册（又叫"抗断强度表"）上找到这些数据。图 56 所示是很多种材料的抗断数据。通过此图，我们可以看出：如果想把一条截面积为 1 平方毫米的铅丝拉断，所需的力为 2 千克；如果想把一条同样粗细的铜丝拉断，则需要 40 千克的力；如果想拉断一条同样粗细的青铜丝，所需的力就是 100 千克……

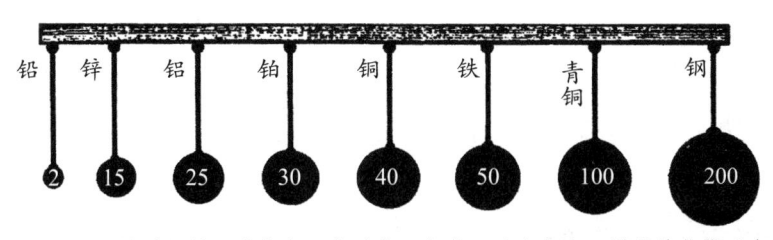

图 56　不同材质金属丝的抗断强度（截面积为 1 平方毫米，质量单位是千克）

然而在工程设计上，根本不可能出现让杆承受如此大作用力的情况。可以说，这些数值只是临界值。如果用它们来参照设计，最后的结构会极度不稳定。而且，如果材料存在极其细微的、肉眼看不出来的缺陷，只要稍微有一点儿震动，或温度发生一丁点儿细微的变化，这个杆就随时可能断裂，整个结构便会损坏。因此在实际应用中，我们往往会取一个"安全系数"，即让这个力仅为断裂负载的几分之一，如 $\frac{1}{4}$、$\frac{1}{6}$，或者 $\frac{1}{8}$。具体是多少，取决于材料和工作条件。

接下来，我们回到之前的计算中。铜丝的直径是 D 厘米，要想把这根铜丝拉断，究竟需要多大的力？根据公式，我们可以得出它的截面积为：

$\frac{1}{4}\pi D^2$ 平方厘米（$25\pi D^2$ 平方毫米）。

我们可以在图 56 中查到：如果铜丝的截面积为 1 平方毫米，拉断它所需的力为 40 千克。因此，要想让上面的这根铜丝断掉，所需的力就是

$$40 \times 25\pi D^2 = 1\,000\pi D^2 = 3\,140 D^2（千克）$$

铜丝本身的质量为 $6\,900D^2$ 千克，是 $3\,140D^2$ 千克的 1 倍多。现在知道了吧？就算忽略安全系数，也不可能用铜丝来测量海洋的深度，因为它在垂入 5 000 米深度时就会被自己拉断了！

最长的金属悬垂线

一般情况下，每根金属丝的极限长度都是固定的。一旦超出了这个极限长度，金属丝就会断掉。一条金属悬垂线的长度也是有限的，存在一个无法超越的极限值。在这个问题上，将金属丝加粗毫无意义。例如，将金属丝加粗一倍，即将直径加大一倍，根据之前的分析，我们知道：这样的确能让金属丝的抗断强度变成原来的 4 倍，但是，金属丝的重力同样也会变成原来的 4

倍。因此，极限长度和金属丝的粗细毫不相干，而与它的材料有关。如果金属线是铁质的，它的极限长度是一个值；如果金属丝是铜制的，它的极限长度就会发生变化；如果金属丝是铅质的，它的极限长度又会不同。那么，怎样才能求出金属丝的极限长度呢？其实，方法非常简单。经过前一节的学习，我们很容易就能得出答案。

例如，一根金属丝的截面积为 s 平方厘米，它的长度为 L 千米，每立方厘米金属丝的质量为 p 克，那么这根金属丝自身的质量就是 100 000sLp 克。它能够承受的质量则为

$$1\,000Q \times 100s = 100\,000Qs（克）$$

其中，Q 代表每平方毫米截面积的断裂负载（单位是千克）。因此，在极限的情况下，有

$$100\,000Qs = 100\,000sLp$$

极限长度 L 是

$$L = \frac{Q}{p}（千米）$$

用这个简单的式子，就能轻而易举地得出各种材质金属丝的极限长度。前面，我们已经知道了铜丝在水中的极限长度。不在水中的时候，铜丝的极限长度会小得多，等于 $\frac{Q}{p} = \frac{40}{9} \approx 4.4$（千米）。

下面是几种常见金属丝的极限长度：

铅丝：0.2 千米；

锌丝：2.1 千米；

铁丝：7.5 千米；

钢丝：25 千米；

在现实生活中，我们根本不可能制作如此长的金属悬垂线，因为这些数值全都是极限值。所以，人们大多是以它们所能承受的断裂负载的一部分来制作的。举个例子，如果是铁丝与钢丝，一般情况下取它们能够承受的断裂负载的$\frac{1}{4}$。

基于此，当我们使用铁丝做悬垂线的时候，长度往往不会超过 2 千米，钢丝则不会超过 6.25 千米。

上面说的都是处于水之外的情况，在水中，金属丝的极限长度会大得多。例如，铁丝与钢丝的极限长度比上面的数值大$\frac{1}{8}$。但即便如此，这距离海洋的最深处也非常遥远。在进行测量的时候，我们往往会选用一种用特殊材料制成的金属丝。特别要注意的是：现在对海洋深度进行测量的时候，人们早就抛弃了金属丝，而是用海底回声进行测量，即我们常说的回声测深。

最结实的金属丝

镍铬钢的抗断强度非常高，截面积为 1 平方毫米的镍铬钢丝的抗断力为 250 千克。

通过图 57，我们可以直观地看清楚这一数字的含义。在图中，镍铬钢丝可以将一头肥胖的猪挂起来。之前，人们在测量海洋深度的时候，使用的就是这种金属丝。在水中的时候，镍铬钢丝每立方厘米的质量为 7 克。假设它的截面积为 1 平方毫米，那么它受所能承受的质量是（安全系数是 4）

$$250 \times \frac{1}{4} \approx 62（千克）$$

它的极限长度是

$$L = \frac{62}{7} \approx 8.8（千米）$$

海洋最深的地方的深度超过 8.8 千米，所以安全系数必须更小。在实际使用过程中，为了防止金属丝断裂，工作人员总是特别小心，确保它能够顺利到达海底最深处。

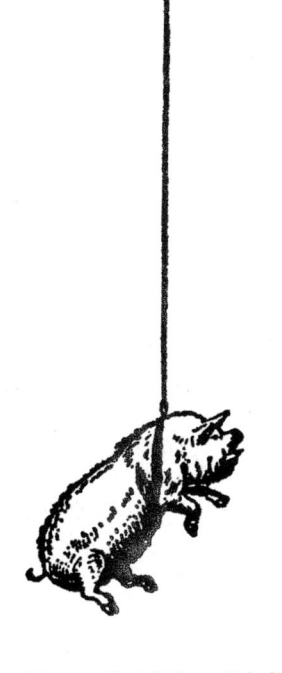

图 57　截面积是 1 平方毫米的镍铬钢丝可以承受 250 千克的质量

比金属丝更硬的头发丝

很多读者认为，头发丝和蜘蛛丝的坚韧程度差不多。事实上，头发丝比很多金属丝更坚韧。通常来讲，人的头发只有 0.05 毫米粗，它能承受的质量却可以达到 100 克。我们可以进行以下计算：如果头发的截面积为 1 平方毫米，它可以承受多少千克的质量呢？如果一个圆的直径为 0.05 毫米，它的面积就是

$$\frac{1}{4} \times 3.14 \times 0.05^2 \approx 0.002（平方毫米）$$

可以看出，头发丝的截面积仅为 $\frac{1}{500}$ 平方毫米，它能承受的质量却高达 100 克。如果截面积为 1 平方毫米，它能承受的质量就是 50 000 克，即 50 千克。图 58 生动形象地展示了头发丝的坚韧程度。很

图 58 女子发辫的强大力量：200 000 根头发可以提起 20 吨重的卡车

明显，头发丝的扯断强度在铜和铁之间。

因此，我们可以这样说：头发丝比铅丝、锌丝、铝丝、铂丝、铜丝都坚韧，但比铁丝、青铜丝和钢丝略差。

小说《萨兰博》中有一段话很有道理：

古代迦太基人认为，女人的辫子完全可以用作投掷机的牵引绳，而且这是最好的选择。

自行车架为什么是空心管

如果一根管子的环形截面等于一根实心杆的截面面积，这能够说明它们的强度相同吗？谁的优势更大？在抗断强度与抗压强度方面，这两根管子完全相同，拉断或压碎管子与实心杆所需要的力也是一样的。可是，在抗弯强度方面，它们的差别就大了去了。在实心截面积等于环形截面积的情况下，弯曲一根实心杆比弯曲一根管子容易得多。

对此，强度科学的奠基人伽利略早就下过结论。接下来，我们来看看他当时的原话。在《关于两个新学科的谈话和数学论证》中，伽利略这样写道：

在空心物体的抗力方面，我想表达一下自己的看法。

……在自然界中，空心的物体随处可见，它们可以在质量不增加的情况下大大提高自身的强度。鸟骨与芦苇就存在这种现象，它们的质量很小，抗弯力与抗断力却非常大。麦秆上面的麦穗的质量比整根麦茎的质量大得多，如果麦秆不是空心的，而是相同质量的实心秆，它的抗弯力与抗断力就会大大降低。

其实，在很早以前，人们就发现了这一点，而且于实验中得到证实，空心的木棒或金属制成的管子比长度和质量相同的实心杆坚固得多。当然，在同样的情况下，实心杆比空心管更细。在制作工艺方面，这个观察结果被人类用于制造各种物体，专门将一些东西做成空心的，既可以增加坚固性，又显得非常轻巧。

那么，横梁弯曲的时候，会产生什么样的应力呢？我们来好好地研究一下，这样才能明白空心物体比实心物体坚固得多到底是怎么回事了。如图59所示，把杆 AB 的两端支起来，在中间挂一个重为 Q 的物体。由于受到了重物的作用，这根杆肯定会向下弯曲。接下来，它又会怎么样呢？杆的上半部分会被压缩，下半部分则会被拉伸，中间有一部分（也叫中立层）既未被压缩，也未被拉伸。被拉伸的那一部分有一个抗拉伸的弹力产生，被压缩的那一部分有一个抗压缩的弹力产生，这两个力都努力地想让杆恢复到原来的形状。杆的弯曲程度越大，抗弯力就越大，只要在弹性极限内，它就一直持续

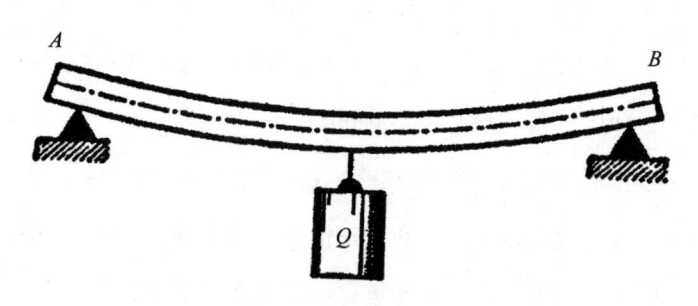

图59 梁的弯曲示意

下去，直到达到某个值为止。当杆产生的拉伸力和压缩力的合力等于 Q 时，杆就会停止弯曲。

通过之前的分析，我们可以看出，杆的上半部分和下半部分对杆的弯曲进行了反抗，越接近中立层的地方，此力就越小。因此，制作横梁的时候，最好让大部分材料离中立层较远，例如图 60 中的"工"字形梁与槽形梁。

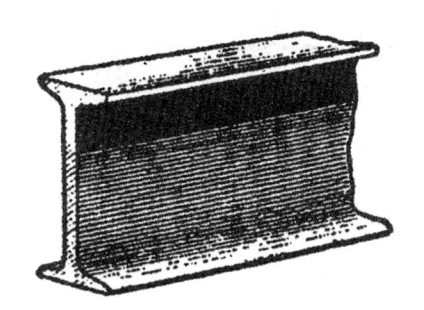

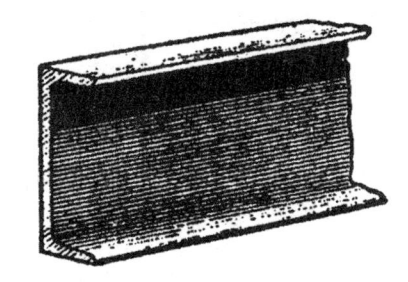

图 60 "工"字形梁（左）与槽形梁（右）

就算如此，制作的时候也不能让梁壁太单薄，必须确保这两个梁面之间的位置固定不动，还要绝对保证梁的稳定。

如果想节约材料，桁形架是最好的选择，它比"工"字形梁更完善。如图 61 所示，在桁形架上面，接近中立层的地方是空的，所以轻便得多。从图中可以看出，弦杆 AB 和 CD 将杆 a、b……、k 连在了一起，节省了很多材料。经过之前的分析，我们了解到，在负载 F_1 与 F_2 的作用下，弦杆 CD 会被压缩，下弦杆 AB 则会被拉伸。

现在，你们应该知道空心管和实心杆相比谁的优势更大了吧？最后，还是用两个数字来给读者加深印象吧。

如果两根圆形梁一样长，其中一根是实心的，另一根是空心的，空心梁的环形截面积和实心梁的相同，即这两根梁的质量相等。在抗弯力方面，它们天差地别。计算结果显示，空心梁的抗弯力比实心梁增加了112%。也就是说，空心梁的抗弯力最少增大了1倍多。

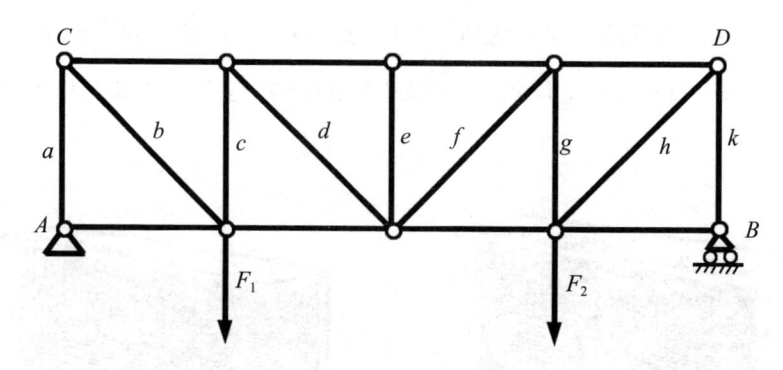

图61 桁形架示意

寓言《7根树枝》与力学原理

朋友们，在你面前有一把扫帚，如果把它拆开，你毫不费力就能将每一根枝条折断。但如果把它们系在一起，你还能再折断吗？

——绥拉菲莫维奇《在晚上》

很多读者听过古老的寓言《7根树枝》。在寓言中，父亲将7根树枝绑在一起，让儿子们用力把这束树枝折断。几个儿子轮番上阵，结果全部失败。后来，父亲将这束树枝拆开，轻而易举地就将其一一折断了。

寓言中蕴含着一个力学原理，即挠度，我们现在来学习一下这个原理。

如图62所示，在力学中，杆的弯曲程度一般用挠度x来表示。杆的挠度越大，就越容易将它折断。挠度的大小往往用下面的公式来表示：

$$挠度\, x = \frac{1}{12} \times \frac{Pl^3}{\pi E r^4}$$

图62　挠度x示意

其中，P代表作用在杆上的力，l代表杆的长度，π代表圆周率、E代表杆的材料的弹性系数、r代表杆的半径。

我们可以用这个公式来分析一下之前的寓言故事。如图63所示，如果这7根树枝的位置按照图中的样子摆放，图中画出的是这束树枝的端面。如果树枝扎得很紧，我们完全可以把一束树枝当成一根实心杆，就算中间有一些空隙，也不会对我们的分析产生影响。通过此图可以看出，这根实心杆的直径

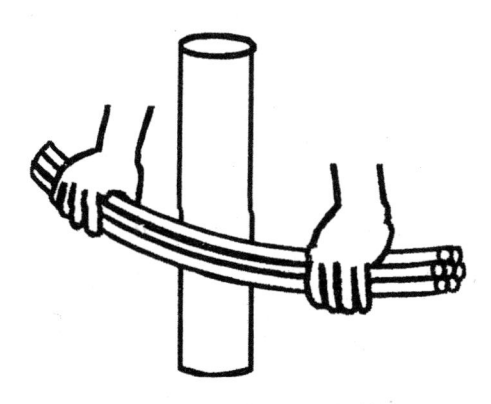

图63　扎得非常紧的7根树枝

大约是一根树枝的 3 倍。经过接下来的分析就可以知道：与弯曲（或折断）这根实心杆相比，弯曲（或折断）一根树枝要容易得多。

若在一根树枝上发生作用的力为 p，在 7 根树枝扎成的实心杆上发生作用的力为 P，那么，我们就可以用下面的算式计算出 p 和 P 之间的关系：

$$\frac{1}{12} \times \frac{pl^3}{\pi E r^4} = \frac{1}{12} \times \frac{Pl^3}{\pi E (3r)^4}$$

可以得出

$$p = \frac{P}{81}$$

由此可见，折断一根树枝所需要的力仅为折断整束树枝的 $\frac{1}{81}$。

第八章

功、功率与能

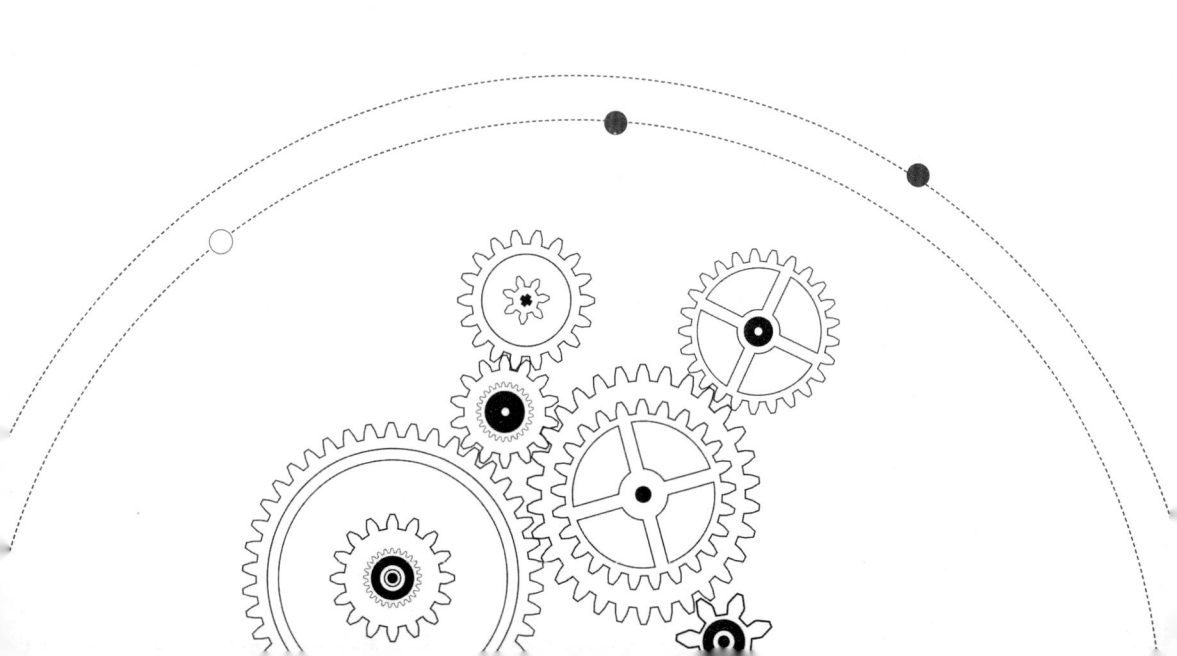

功的单位未告诉我们的东西

"你知道公斤·米[①]是什么吗?"

"当然知道,不就是将 1 千克的物体提高 1 米所做的功吗?"大多数人会这样回答。

关于功的单位,很多人觉得,除了定义给出的之外,再加上上面这一句就行了。当然,上面所讲的 1 米的高度,一般指的是距离地面的高度。可是只满足这个条件还远远不够,我们来看看下面这道题吧:

一门炮膛长 1 米的大炮朝空中笔直地射出了一枚质量为 1 千克的炮弹,因此,炮膛中的火药气体只作用了 1 米的距离。炮弹离开炮膛后,火药气体的压力没有发挥任何作用,不过是将炮弹的高度提高了 1 米,所做的功仅为 1 公斤·米。现在问题来了,大炮所做的功真的只有这么少吗?

如果这是真的,那么我们不用火药,使用其他方法(例如用手)就能将

[①] 公斤·米是旧制功的单位,1 公斤·米 = 9.8 焦耳。

炮弹提升到这样的高度。很明显，上面的分析不正确。

但是，到底是哪里出了差错呢？

事实上，问题就出在当我们讨论大炮所做的功的时候，仅仅对功的很小一部分影响因素进行了考虑，却忽略了大部分影响因素。在之前的分析中，我们遗漏了一个因素：炮弹在炮膛中走完全程的时候达到了一个速度，但这个速度对在炮膛里静止不动的炮弹来说根本不存在。也就是说，火药气体所做的功除了让炮弹提高了1米之外，还给炮弹提供了一个很大的速度。然而，刚刚的分析中完全没有提到这一点。只要知道了炮弹的速度，计算这部分功的大小对我们来说简直是小菜一碟。例如，炮弹离开炮膛时的速度是600米/秒（60 000厘米/秒），炮弹的质量是1千克（1 000克），那么炮弹的动能就是：

$$\frac{mv^2}{2}=\frac{1\,000\times 60\,000^2}{2}=18\times 10^{11}（尔格^{①}）=1.8\times 10^5（焦耳）$$

如果以公斤·米为单位，大约为18 000公斤·米。

可以看出，公斤·米的定义不是准确的。

那么，到底应该怎样对公斤·米的定义进行补充呢？由之前的分析可知：公斤·米是功的单位，表示的是在地球表面提升1千克静止的物体到1米高度时所做的功。其中，当重物被提升到1米高度的时候，速度始终等于0。

---

① 1尔格=10^{-7}焦耳。

怎样恰好做 1 公斤·米的功

将质量是 1 千克的砝码提高到 1 米的高度，其实是一件非常简单的事。可是，提升时所需的力是多少呢？如果力也是 1 千克，肯定不能把砝码提起来。也就是说，要用比 1 千克大一些的力——至少要比砝码的重力大，才能让砝码运动。可是，如果力的作用是连续的，它会提供一个加速度给砝码。将砝码提高到 1 米的高度时，它就会给砝码提供一个速度，即最后砝码的速度不为 0。此时，力所做的功不等于 1 公斤·米，而是略大于 1 公斤·米。

那么，到底应该怎样做功，才可以将质量为 1 千克的砝码提高到 1 米的高度，而且所做的功正好等于 1 公斤·米呢？

方法如下：一开始，提供给这个砝码一个略大于 1 千克的力，而且要通过砝码的下面来施力，这样就给了砝码一个向上的加速度。达到一定的高度之后，为了让砝码的速度慢慢地降下来，我们要减小或者停止施力。需要注意的是，力的变化要恰到好处，即等到砝码达到 1 米高度的时候，速度正好为 0。

由此可见，我们提供给砝码的力并不是一个一成不变的大于 1 千克的力，而是一个一直在变化的力。一开始，力要大于 1 千克，然后要比 1 千克小一点，这样才可以保证最后作用的功正好等于 1 公斤·米。

功的计算方法

通过前面的分析，我们了解到，将一个重量为 1 千克的物体提高到 1 米的高度，想要它做的功正好是 1 公斤·米，并不是一件容易的事。因此，在应用的时候，我们要尽量避免使用公斤·米的定义，因为这个定义虽然看起来很简单，却容易影响判断。

接下来，我们来看看另一个定义，这个定义相对来说好用得多，而且不易产生误导。假设作用力的方向和路程的方向是一致的，那么 1 公斤·米就和 1 千克的势能在 1 米的距离上所做的功相等。但要注意，这里有一个完全必要的条件——方向一致。如果忽略了它，计算功时就可能出现严重的错误。

很多读者可能并不认同这个定义，他们认为：如果真的是这样，物体在移动了接近 1 米距离的时候，是不是也可能产生速度呢？事情和读者想的一样，物体确实会产生一定的速度。在这个定义中，正好是所做的功让物体得到了这个速度，让物体产生了一定的动能。此时，动能的大小应该正好等于 1 公斤·米。如果不是这样，就不符合能量守恒定律。在之前的题目中，炮弹不仅增加了动能，还增加了 1 公斤·米的势能，因此最终的能大于 1 公斤·米。

还有一个问题，应该如何比较发动机的工作能力呢？实际上，只要对它们在相同时间里所做的功进行比较就行了。通常情况下，我们取时间的单位为秒。

在力学中，功率是对发动机工作能力进行度量的物理量。发动机的功率即发动机在 1 秒的时间里所做的功。在工程计算中，功率共有两个单位，即瓦特和马力。它们之间的关系为：1 马力 =735.499 瓦特。

接下来，我们用例子来说明功率的计算方法。

一部质量为 850 千克的汽车，在水平的道路上以 72 千米 / 小时的速度直线行驶。假设汽车在行进时受到的阻力是它本身重力的 20%，那么汽车的功率是多少？

我们首先要计算出让汽车前进的力。汽车做的是匀速运动，所以这个力和汽车受到的阻力相等，即

$$850 \times 0.2 = 170（千克）$$

接下来，我们再来看看汽车在 1 秒的时间里走过的距离。按照题意，汽车的速度为 72 千米 / 小时，即 $\dfrac{72 \times 1\,000}{3\,600} = 20$（米 / 秒）。

很明显，产生运动的力的方向和运动方向一样，因此用这个力乘以 1 秒时间里走过的距离，就是汽车在 1 秒的时间里所做的功，即汽车的功率。它等于 170 千克 × 20 米 / 秒 = 3 400 千克·米 / 秒 ≈ 34 000 瓦特。

假如换算成马力，便是

$$\dfrac{34\,000}{735} \approx 46（马力）$$

拖拉机的牵引力在何时最大

【问题】一个"挂钩"位于拖拉机的后面,其功率为10马力。请问,它换到下面每一挡时的牵引力为多少?

一挡的速度:2.45千米/小时;

二挡的速度:5.52千米/小时;

三挡的速度:11.32千米/小时。

【回答】根据前文中的分析,我们知道:1瓦特的功率与在1秒的时间里所做的功相等,同样与1牛顿的牵引力和在1秒的时间里走过的距离的乘积相等。因此,在一挡的速度下,我们可以得到以下式子:

$$735 \times 10 = x \times \frac{2.45 \times 1\,000}{3\,600}$$

其中,x代表拖拉机的牵引力。解方程,得出

$$x \approx 10\,000\,(牛顿)$$

我们可以用同样的方法计算出,在二挡的速度下,拖拉机的牵引力为5 400牛顿;在三挡的速度下,拖拉机的牵引力为2 200牛顿。

从数据中可以看出，事实正好和我们的常识相反，即拖拉机的运动速度越小，牵引力反而越大。

"活的发动机"与机械发动机

一个人可以产生 1 马力的功率吗？换句话说，一个人可以在 1 秒钟内做 735 焦耳的功吗？

我们往往认为，在正常的工作条件下，一个人能产生的功率是 $\frac{1}{10}$ 马力，即 70~89 瓦特。这种观点并不算是错的，但在一些特殊的情况下，人可以在很短的时间里产生远远比这个数值大的功率。例如，如图 64 所示，当我们快速沿着楼梯上楼时，功率差不多是 80 焦耳/秒。

以一个质量大约是 70 千克的人为例，假设此人在 1 秒钟内可以走过 6 级台阶，每级台阶的高度约为 17 厘米，此时他所做的功就等于 $70 \times 6 \times 0.17 \times 9.8 \approx 700$（焦耳）。

这已经和 1 马力的功率（735 焦耳）非常接近了。而且，这个数值大约是一匹马所能产生功率的 $1\frac{1}{2}$ 倍。当然，走台阶的过程非常短暂，最多几分钟就要休息一会儿。如果将休息的时间也考虑在内，那么我们所产生的平均功率仅为 0.1 马力。

图 64　人在上楼梯时能产生 1 马力的功率

很多年前，在短距离（90 米）赛跑中，有个运动员产生了 5 520 焦耳/秒（约等于 7.4 马力）的功率。

实际上，在某些时候，一匹马也能产生非常大的功率。在图 65 中，这匹马的质量为 500 千克，它在 1 秒钟内跳起来的高度为 1 米。此时，马所做的功便是 5 000 焦耳，功率大约是 $\frac{5\,000}{735}\approx 6.8$（马力）。

前面我们说过，1 马力的功率约等于一匹马平均功率的 $1\frac{1}{2}$ 倍。图中这匹马的功率差不多是平均功率的 10 倍。

如图 66 所示，"活的发动机"可以在非常短的时间里让自己产生的功率提高很多倍，这一点是机械发动机永远无法企及的。不容置疑的是，如果在平坦的马路上，一辆 10 马力的汽车肯定比两匹马拉的马车跑得快。但在沙地里，汽车也许会下陷，两匹马却能在需要的时候产生 15 马力，甚至更大的功率，这对马车来说没有任何影响。一位著名的物理学家曾对此发表过如下评论：

图 65　这匹马此时会产生 6.8 马力的功率

从某个角度来看，马确实是一台非常有用的机器。在汽车发明之前，我们根本无法想象它会产生多大的效能，因为马车都是用两匹马来拉的。但如果换成汽车，不想让它在一个小土堆前停下，需要 12～15 匹马的功率。

图 66　"活的发动机"有时比机械发动机还要好

100只兔子也变不成1头大象

在对"活的发动机"与机械发动机的效能进行比较的时候,一定不能忽略一个事实:几匹马的力量之和并不是把几匹马的力量加起来。例如,用两匹马一起拉车的时候,它们的力量之和比1匹马的两倍要小。同样,3匹马拉车的力量之和小于1匹马的3倍。这是因为,我们把几匹马套在一起的时候,它们的用力并不均匀,且会互相影响。从实验中可以看出,如果将不同数量的马套在一起拉车,它们产生的功率如表2所示。

表2 不同数量的马所产生的功率

套在一起的马/匹	每匹马的功率/马力	总功率/每匹马的功率
1	1	1
2	0.92	1.9
3	0.85	2.6
4	0.77	3.1
5	0.7	3.5
6	0.62	3.7
7	0.55	3.8
8	0.47	3.8

从表2中可以看出,如果5匹马套在一起,它们所产生的牵引力并不是1匹马的5倍,仅为3.5倍;

如果套在一起的是 8 匹马，它们所产生的牵引力仅为一匹马的 3.8 倍。而且，马匹的数量越多，每匹马的功率就越小。

还是说得更直观一点吧，如果你想用马匹代替一辆功率为 10 马力的拖拉机，15 匹马都不够。

从某种意义上来讲，马再多都不可能代替一辆拖拉机，哪怕拖拉机的马力再小。

法国有一句著名的谚语——"100 只兔子也变不成 1 头大象"，说的就是这个道理。我们同样可以说："100 匹马也代替不了 1 辆拖拉机。"

人类的"机器劳力"

生活中有很多机械发动机，但我们对"机器劳力"的威力了解得并不充分。与"活的发动机"相比，机械发动机具有很多优势，例如它能在非常小的体积中积蓄非常大的功率。古时候，人们觉得大象和马是威力最大的"机器"。那时候，人们提高功率的唯一办法就是增加它们的数量。而对生活于现代的我们来说，要解决的问题是如何将很多匹马的工作能力集中归于一台发动机。

100 多年前，蒸汽机是人们制造出来的最强大的机器，它的功率为 20 马力，质量为 2 吨，相当于每 100 千克质量的机器能产生 1 马力的功率。

马的平均质量为 500 千克，即每 500 千克质量会产生 1 马力的功率。为了让计算更简单，我们将 1 匹马产生的功率看作 1 马力。蒸汽机却能做到每 100 千克质量产生 1 马力的功率，等于将 5 匹马的功率集中在 1 匹马的身上。

如今，就算制造一部质量为 100 吨、拥有 2 000 马力功率的机车，对我们来说也不在话下。简单地计算一下可以知道，它产生 1 马力所需的质量更小。电气机车的功率可以达到 4 500 马力，它的质量为 120 吨，相当于产生 1 马力的质量为 27 千克。

在这方面，效率最高的应该是航空发动机。通常情况下，航空发动机的质量仅为 500 千克，产生的功率却达到 550 马力，即产生 1 马力的质量还不到 1 千克。图 67 很形象地将这几种机械发动机的差别进行了展示。在图 67 中，马头上的黑色部分代表的是各种机械发动机产生 1 马力功率所对应的马的质量。

图 67　马头上的黑色部分为各种机械发动机产生 1 马力功率所对应的质量

图 68 表现得更加直观。在图 68 中，两匹马的体积相差悬殊，小马代表的是钢铁制成的航空发动机的质量。很明显，在功率相等的前提下，它比 1

匹马的质量小得多。图中小马和大马的对比还告诉我们，在与"活的发动机"的对比中，"钢铁肌肉"的质量简直不值一提。

图68　1部航空发动机与1匹马产生1马力功率的质量对比

图69所示的是1部小型航空发动机和1匹马产生1马力功率的质量之间的对比。这部发动机的汽缸容量仅为2升，却可以产生162马力的功率。

图69　汽缸容量是2升的航空发动机产生了162马力的功率

可以说，这场竞赛永无止境。运用现代技术，我们能制造出马力更大的机器，并挖掘出比燃料里所蕴含能量更多的东西。

接下来看看1卡热量中蕴含的能量是多少。一般情况下，1卡相当于让1升水的温度升高1℃所需要的热量。将1卡热量全部转化成机械能，它可以提供4 186焦耳的功。换言之，1卡热量转化的功率可以将质量为427千克的物体提高到 1 米的高度（图 70）。不过，现在比较常见的热力发动机，转化率仅为 10%～30%。也就是说，1 卡的热量所能产生的功大约只有 1000 焦耳，并非刚刚提到的 4 186 焦耳。

人类已发明的所有可以产生机械能的器械中，功率最大的器械是什么？答案是火器！

通常来讲，步枪的质量大概是 4 千克，实际起作用的部分大约只有 2 千克。在步枪发射子弹时，它所产生的功为 4 000 焦耳。从表面上来看，这个功并不大，但是据我们所知，子弹只在枪膛中很短的时间里受到火药气体的作用，这段时间仅为 $\frac{1}{800}$ 秒。

图 70　假如将 1 卡热量转化成机械功，可以将 427 千克的重物提高 1 米

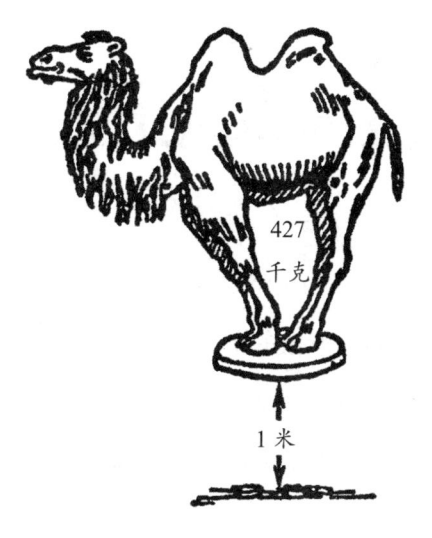

众所周知，发动机的功率指的是在 1 秒时间里所做的功。如果我们将步枪所做的功换算成 1 秒时所做的功，可得

$$4\ 000 \times 800 = 3\ 200\ 000\ （焦耳）$$

也就大约 4 300 马力。假如，我们将这个数值再进行换算，用它除以步枪起作用的质量，即 2 千克，那么产生 1 马力功率的质量还不足 0.5 克。假如，把功率和质量之间的对应关系进行比较，它大概只有一只甲虫那么大。

前面我们讨论的一直是功率与质量的对应关系，假如以绝对功率来看，火器的功率并不是最大的，大炮的功率比它更大。一枚质量为 900 千克的大炮，炮弹发射时的瞬时速度高达 500 米/秒。也就是说，在 0.01 秒钟内，大炮产生的功约为 1 亿 1 千万焦耳。图 71 将这个功的大小形象地展示了出来。

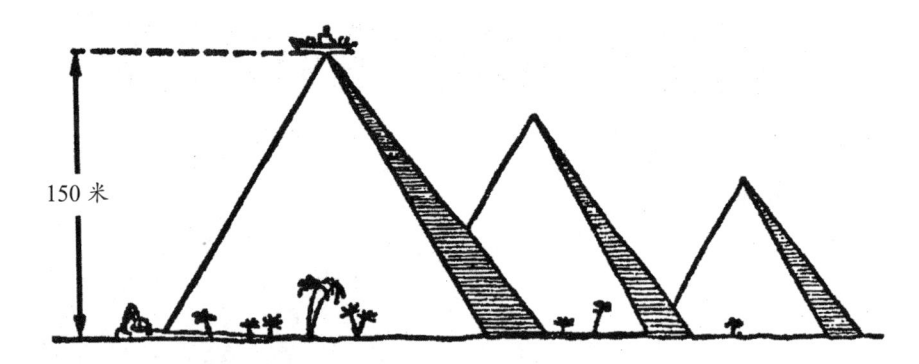

图 71　大炮所做的功足以将 75 吨的重物提升到金字塔的顶端

它相当于将质量为 75 吨的物体提高到奇阿普斯金字塔[①]的顶端（大约是 150 米）所做的功。而且，这个功是在 0.01 秒的时间里瞬间产生的，它大约能产生 110 亿瓦特的功率，即 1 500 万马力。

图 72 展示了 1 门巨型海军炮所产生的能量，可见它的功率也很大。

图 72　1 枚巨型海军炮所产生的热量足以融化 36 吨冰块

---

① 奇阿普斯金字塔是古埃及第四王朝第二位法老胡夫建造的，所以又叫作胡夫金字塔，希腊人将它称为奇阿普斯。它是世界上最大的金字塔，被列为"世界七大奇迹"之一。

商人的伎俩

以前,一些不实在的商人经常用这样的方法称重:他们不是将货物慢慢地加到秤盘上,直到最终达到平衡,而是从高处直接将货物丢到秤盘上,秤盘倾斜下去,一些老实的客户因此上当受骗。如果顾客耐着性子一直等到天平稳定下来,会发现刚刚丢上去的货物并没有令其平衡。

商人为什么要这样做呢?

物体从高处落下时会产生一个压力给接触点,货物本身的质量就会增加。这一点,我们可以用计算结果来证实。如果物体的质量为10克,当它从10厘米的高度落到秤盘上,它所具有的能量与物体的质量和这一高度的乘积相等,即

$$0.01(千克)\times 0.1(米)=0.001(千克 \cdot 米)\approx 0.01(焦耳)$$

假设秤盘在消耗能量时下降了2厘米,那么,我们就可以得出下面的式子:

$$F\times 0.02=0.001$$

其中,F 表示此时作用在秤盘上的力。计算得出

$$F=0.05(千克)=50(克)$$

也就是说，一个 10 克的货物从 10 厘米的高度落到秤盘上的时候，除了自身的质量之外，还产生了 50 克的压力。顾客拿走货物时，丝毫没有意识到少了整整 50 克。

让亚里士多德[①]头疼的题目

伽利略于 1630 年奠定了力学的基础。事实上，早在 2 000 多年以前，亚里士多德就在他的著作《力学问题》中提出了相关问题：

我们在木头上放一把斧头，再把一个重物压在斧头上。此时，斧头对木头的破坏作用并不大。但如果我们将重物拿开，先将斧头提起，再砍到这块木头上，很容易就能把木头劈开。这是什么原因呢？与重物的重力相比，提起斧头砍木头时所用的力可要小得多呢！

在亚里士多德时代，人们对力学的认识十分有限，因此就连像他那么聪明的人，也不知道到底是怎么回事。读者朋友也觉得非常奇怪，接下来，我们就来研究一下这个问题。

[①] 亚里士多德（公元前 384—前 322 年），古希腊哲学家、科学家、教育家、思想家。

当斧头砍向木头的时候，它的动能有多大？又是如何作用的呢？首先，把斧头举起来的时候，我们会提供一定的能量给它。其次，斧头在向下运动的时候会获得能量。

假设斧头的质量为 2 千克，在被举到 2 米的高度时，它得到的能量为 $2\times2=4$（千克·米）。在落下的时候，会有两个力同时在它身上产生作用，即它自身的重力和人的臂力。忽略人的作用，斧头仅仅在自身重力的作用下落下来，那么它从 2 米高度落下的时候，得到的动能就等于它被举起来时获得的能量，即 4 千克·米。但在人手的作用下，它落下的速度变快了，动能随之迅速增加。假设人手上下挥动时产生的能量相等，那么斧头在落下时得到的能量就应该与将它举起来时得到的能量相等，即 4 千克·米。因此，斧头砍木头时的能量为 8 千克·米。

斧头砍向木头之后，会持续向下运动，进入木头内部。你们知道它进入的深度吗？假设这个深度为 1 厘米，即在 0.01 米的路程里，斧头的速度为 0，动能则彻底消失了。由此，我们很容易就能计算出斧头作用在木头上的力。

$$F\times0.01=8$$

可以得出

$$F=800（千克）$$

斧头砍向木头时的力为 800 千克，如此大的力量劈开一块木头简直是小菜一碟，有什么好奇怪的呢？

以上就是我们对亚里士多德所提出的问题的回答。只要再仔细思考一下，另一个新的题目就会浮出水面：仅凭人的肌肉力量，绝不可能把木头劈开。那么，人的胳膊是如何将自己不具备的力量在斧头上产生作用的呢？答案其实非常简单，那就是在 4 米的路程中得到的能在 1 厘米的路程里已消耗得一干二净。因此，这把斧头所产生的功率丝毫不比锻锤机之类的机器差。

根据之前的分析，我们可以得出一个结论：如果用压力机代替汽锤，必须选择那些力量很大的压力机。打个比方，600 吨的压力机才能代替 20 吨的汽锤，5 000 吨的压力机只能代替 150 吨的汽锤。

马刀的作用也和这差不多，它的力主要集中在面积很小的刀刃上。如此一来，作用于每平方厘米上的压力就会变得非常大，大约等于几百个大气压。此外，马刀的挥动幅度也不容忽视。在砍下以前，马刀大约挥动了 1.5 米的距离，进入敌人身体的长度却仅为 10 厘米。也就是说，在 1.5 米的路程中得到的能量，在砍进去的距离（10 厘米）里就消耗完了。因此，战士的臂力仿佛增加为原来的 10 ~ 15 倍。最后，砍的方法同样非常重要。使用马刀时，最好不要直接砍击敌人，而应该在砍击的瞬间将马刀往回抽，所以我们提到马刀时，用到的是"砍切"二字，而不是"砍击"。你们可以做个小实验，就是在切面包的时候，试试砍与切两种方法，看看哪一种更容易。

易碎物品的包装方法

如图 73 所示，当我们包装易碎物品时，总是会在物品四周放一些稻草、刨花或纸条等。读者朋友们应该都知道其中的原因吧？没错，就是为了防止物品碎掉。那么，稻草和刨花之类的材料为什么能防止物品碎掉呢？如果你

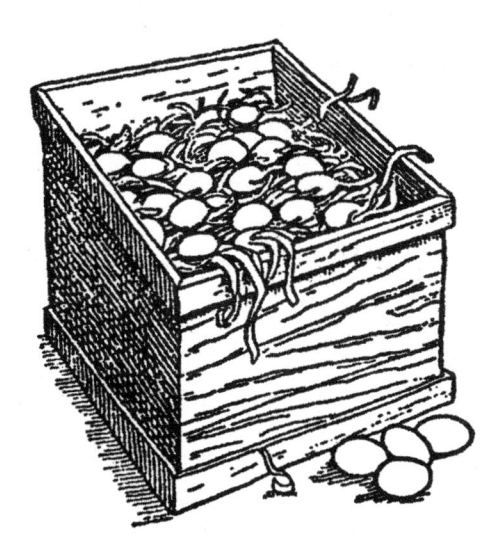

图 73　保护鸡蛋用的刨花衬垫

的回答是，因为这些东西可以"减缓"碰撞时的震动，那就等于白说，只是把刚刚的问题重复了一遍，并没有说出真正的原因。

事实上，原因总共有两个：

一个是放置衬垫材料后，易碎物品之间互相接触的面会增大。例如，一件物品有尖锐的棱角，那么在它与另一件物品之间放置衬垫材料，原先点或者线的接触就会变成片或者面的接触。这样一来，力作用的面积会增大，物品之间的压力则会随之减小很多。

另一个则在物品震动时才会有所表现。例如，一个箱子里面装着杯盘。受到震动后，箱子里的物品会开始运动。旁边的物品会对它的运动造成妨碍，所以物品的运动会立刻停止。这个时候，运动产生的能量就会消耗在物品的挤压、碰撞上，从而导致物品破碎。物品一般放得非常紧密，所以能量必须在有限的路程上消耗掉，此时就会产生很大的挤压力。因为只有这样，能量（$F \times s$）才会在规定的时间内消耗掉。

通过刚才的分析，我们知道了之所以放这些柔软的衬垫，目的就是让力的作用距离 s 变长。如果不垫此类材料，物品运动的路程就非常短，产生的挤压力会变得很大。以玻璃和鸡蛋为例，就算只挤压进去几十分之一毫米，它们也可能被撞碎。在易碎物品相互接触的部位之间放一些稻草、刨花或纸条，不仅可以将力的作用路程延长几十倍，还可以将作用力减小到原来的几十分之一。

能量从哪里来

在非洲，捕猎野兽的装置随处可见。如图 74 所示，大象一碰到地上斜拉的绳子，捕兽装置上的木头就会垂直落下，直接扎进它的背部。图 75 所示的装置更加巧妙，如果野兽不小心碰到绳子，瞬间就会被弓上的箭射中。

捕兽装置能够将野兽杀死，它的能量从何而来呢？显然，来自布设者的能量。如图 74 所示，如果木头从高处落

图 74 在非洲丛林里，人们就是用这样的装置捕猎大象的

下，此时所做的功正好与人将它举到这个高度时所做的功相等。在图 75 中，弓箭所做的功正好与人将它拉开时所做的功相等。在这两种情况下，野兽不过是释放了储存于装置中的势能罢了。假如想继续使用捕兽装置，就要让它恢复成图中的样子。

图 75　非洲丛林里用来猎兽的弓箭装置

如图 76 所示，树上有一个蜂窝，熊看到后就想爬到树上去摘。不幸的是，它爬到一半时，一根悬垂的木头挡在了前面。于是，熊推了一下木头。可是，摆开的木头瞬间又恢复了原来的样子，并把熊撞了一下。愤怒的熊狠狠地推回去，结果木头再次弹回来，重重地打在了熊的背上。熊发狂了，更加用力地推开木头，却被弹回来的木头打得更重了。

经过一番斗争，熊累得上气不接下气，最后一头摔在地上，被树下的尖锐木橛扎伤了。

很多读者可能都读过这个故事，不得不承认，故事中的装置非常巧妙，可以重复使用，而且无须再次布置。它将第一只熊打落后，还可以把爬上树

图 76　跟悬垂的木头较量的熊

的第二只熊打下去，然后还打下第三只、第四只……那么，读者也许要问了，将熊打下来的能量是从哪里来的呢？

实际上，这个装置所做的功完全是野兽自身的能量。也可以说，把熊从树上打下来，使熊跌落在尖锐木橛上的正是它自己。当熊推开悬垂的木头时，它的肌肉的能量就变成了举起那根木头的势能，接着又变成了落下来木头的动能。相同的道理，熊爬树时，也将一部分肌肉的能量变成了身体在高处的势能，最终变成了让熊的身体跌落在尖锐木橛上的动能。也就是说，让熊挨打，从树上摔到地上，并戳到尖锐木橛上的全都是它自己。这只熊越强壮凶猛，就会被木头打得越厉害，最终受到的伤害也就越严重。

真的有自动机械吗

测步仪是一种非常小巧的仪器，你们听说过吗？它的大小和样子与一只怀表差不多，可以放在口袋里，具有自动计算行走步数的功能。

测步仪的表盘和内部构造如图 77 所示。重锤 B 是这个机械构造中最主要的部分，它和杠杆是一个整体，位于 AB 的一端。杠杆 AB 能够围绕轴 A 旋转。静止不动时，重锤会在图中所示的位置停留，由一个软弹簧将其"固定"于仪器的上半部分。

图 77 测步仪示意

大家都知道，人在走路的时候身体会产生起伏。因此，人带着测步仪走路的时候，测步仪也会随之上下起伏。但由于惯性的作用，重锤 B 无法立刻随着仪器的起伏而上升，于是对软弹簧的弹性进行反抗，让自己到达仪器的下半部。受到相同原理的影响，等到测步仪往下落时，重锤才会向上移动。因此，人每向前走一步，杠杆就要来回摆动两次（上去一次，下来一次）。同时，AB 的摆动会带动齿轮转动，使表盘上的指针移动，从而将这个人的步数记录下来。

假如有人问：测步仪产生动作的能源来自哪里？你可以肯定而准确地告诉他，是人的肌肉在做功。是的，事实即如此。也许有人会觉得，人行走的时候，根本用不着多花能量，就能让这个仪器运转，该观点是不正确的。带着测步仪行走，当然要花一些力量，不仅要克服它自身的重力，还要克服拉住重锤 B 的弹簧的弹力，将仪器抬到一定的高度。

提到这种仪器，我的脑子里情不自禁地浮现出另外一种仪器，它就是通过人的日常动作带动的手表。这种手表很常见，将它戴在手腕上时，经过手的不停动作就可以上紧发条，无须手动上发条。一般来说，如果要手表走一昼夜，我们只需要戴几小时，就能让发条上紧。这种给表上发条的方法非常简单，只要发条上到一定的程度，就会走得准确无误。而且，表壳上一个孔都没有，可以确保灰尘和水不会进入手表内部。此外，它还有一个好处——完全不需要考虑上发条的事。从表面上来看，这种表似乎适合钳工、裁缝、钢琴家或打字员，不适合脑力劳动者。其实，这种看法是不正确的。对这种表而言，任何轻微的脉动都可以让它走动起来，并上紧发条。就算只是动作两三下，也足以让重锤带动发条，走上几个小时。

那么，这是否意味着此表不用消耗主人的能量，就能一直走下去呢？当然不行。它需要主人肌肉的能量，这一点和手动上紧发条的普通手表没什么两样。将这种手表戴在手腕上的时候，经过做动作所做的功比普通的手表稍微大一点。和之前的测步仪相同，在克服弹簧弹力的过程中，佩戴者的能量会被消耗掉一部分。

以上两种装置都不是严格意义上的自动机械，只是不需要人的"专门照料"。但是，它们必须在人的肌肉力量的帮助下上紧发条。

钻木取火

按照书本上的说法，钻木取火好像一点儿也不难。但在实际操作过程中，你会发现事情并没有想象的那么容易。

马克·吐温[①]的书中有一个关于摩擦取火的故事,他按照书本上介绍的方法,尝试着摩擦取火,以下是相关描述:

所有的人都找了两根木棒开始摩擦。但两小时之后,我们都要冻成冰棍了,木棒却还是冷冰冰的,根本没有要着火的样子。

杰克·伦敦[②]在《老练的水兵》一书中也有过类似的描述:

我见过许多遇难脱险者写的回忆录,他们都曾试图用这个办法来取火,结果都没有成功。其中,我对一位新闻记者的印象最为深刻。他曾去阿拉斯加与西伯利亚旅行,有一天,我正好在一个朋友的家里看见了他,就与之聊起来。

他说起当时用木棒钻木取火的事,而且非常风趣地对那次失败的经历进行了讲述。

儒勒·凡尔纳在《神秘岛》一书中也提到钻木取火,老练的水手潘克洛夫和青年赫伯特进行了一番对话:

"我们完全可以学原始人的样子,把两块木块放在一起,摩擦取火!"

"当然可以,孩子,你可以试试。但是我认为,如果你真的这样做,唯一的可能就是你的双手被磨出血,却连一点儿火花都看不见。"

"可是,这种方法不是很常见吗?"

"呵呵,我们还是别讨论这个问题了吧。"水手回答道,"如果我猜得没错,那些人肯定有特殊的本领,我曾无数次尝试过这个方法,却一次都没有成功。所以我认为,用火柴是最好的办法。"

[①] 马克·吐温(1835—1910年),美国著名作家、演说家,代表作有《百万英镑》《汤姆·索亚历险记》。
[②] 杰克·伦敦(1876—1916年),美国著名现实主义作家,代表作有《野性的呼唤》《海狼》《白牙》。

在书中，儒勒·凡尔纳还写道：

就算如此，赫伯特仍然去找了两块干燥的木块，想尝试着用摩擦的方法来取火。我认为，如果把他付出的能量全部转化为热量，这些热量足以烧开一艘横渡大西洋的轮船上的锅炉。但令人遗憾的是，那两块木块的温度只升高了一点儿，还不如他们的体温高。

大概一小时后，赫伯特累得满头大汗，生气地把木块扔在地上。

"如果非要我相信古代人是用这个方法来取火的，倒不如让我相信冬天出现了大热天，这简直就是不可能的事。"赫伯特说，"我认为，摩擦两只手将手心点燃，没准儿都比这个简单。"

这些人为什么都没有成功？到底是怎么回事？因为他们用的方法不对。古代人并不只是靠摩擦木棒来取火，而是将一根木棒削尖，然后在另外一块木板上钻孔。

这是两种不同的方法，简单分析一下就可以看出来。

如图 78 所示，如果我们用木棒 CD 沿木棒 AB 来回做运动，若频率为每秒钟一次，CD 每次前后移动的距离为 25 厘米，双手作用于上面的压力为 2 千克。两块相互摩擦的木头之间的摩擦力和作用在上面的压力的 40% 差不多。

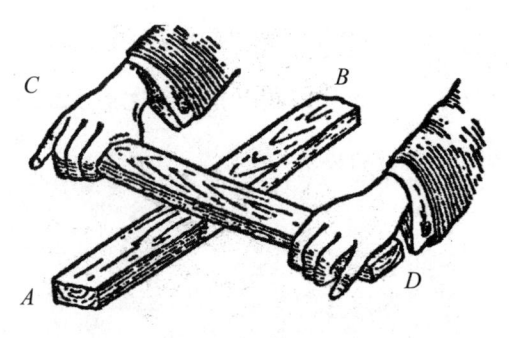

图 78　摩擦取火的错误方法

也就是说，此时摩擦力为2×0.4×9.8≈8（牛顿），来回移动的距离为50厘米，力在这段距离所做的功为8×0.5=4（焦耳）。如果这些功全都变成热，那么热量作用到木头上的体积是多少呢？

据我们所知，木头的导热性非常差，因此摩擦产生的热只能透到木头里很浅的地方。

但是，假设木棒受热部分的厚度为0.5毫米，木棒在互相摩擦时，接触的长度为50厘米，若木棒宽1厘米（接触面的宽度为1厘米），那么木头受热部分的体积为

$$50 \times 1 \times 0.05 = 2.5（立方厘米）$$

这些木头的质量是多少呢？约等于1.25克。假设木头的热容为0.6，那么这些木头升高的温度是$\frac{4}{1.25 \times 2.4}$℃。

也就是说，即使忽略天气寒冷所造成的热量损失，两根摩擦的木棒在1秒的时间里也只能升高1℃。但在寒冷的天气，木棒冷却的速度很快，所以马克·吐温说："进行摩擦的时候，木棒不仅不会加热，反而会变得更冷。"这确实有一定的道理。

但如果我们用的是正确的方法，就不会出现这样的情况了。

在图79中，竖立的木棒能够旋转，其下端的直径和钻进下面木板中的深度相同，都是1厘米。钻弓的长度为25厘米，每秒来回拉动一次。假设拉动钻弓的力为2千克，那么在这样的情况下，人每秒所做的功仍然为8×0.5=4（焦耳），木头的受热体积却比刚才小得多，仅为3.14×0.05≈0.15（立方厘米），质量只有0.075克。因此，从理论上来讲，旋转木棒底端的温度升高了

$$\frac{4}{0.075 \times 2.4} \approx 22（℃）。$$

图 79 钻木取火的正确方法

实际上，木棒底端的温度确实能升高这么多。钻的时候，受热的位置并不会轻易地散失热量，但木头的燃点大约是250℃。因此，如果想要木棒燃烧起来，只需要一直钻 $\dfrac{250℃}{22℃/秒}$ ≈11秒就行了。

通过研究发现，古时候很多有经验的人，在短短几秒钟之内就可以把火生起来。还有一种现象你们肯定不会感到陌生：如果大车的车轴不够润滑，那就很容易烧坏，这和钻木取火的原理是一样的。

弹簧的能去哪儿了

将一片钢板弹簧弯曲时,我们所做的功会转化成弯曲的弹簧的动能。如果再用它将一个重物举起来,或者让车轮转动起来……那么,我们刚刚所付出的能就会重新回到身边。

能量绝不会无缘无故地消失,其中一部分能量做了能够看见的工作,另一部分则消耗在克服摩擦阻力的过程中了。

下面用弯曲的钢板弹簧做一个实验:将弹簧放到硫酸中。我们会发现,硫酸将弹簧腐蚀了,弹簧完全不见了。在这个试验中,弹簧的动能去哪里了呢?难道消失了?这显然违背了能量守恒定律!

事实真的如此吗?为什么我们会觉得能量消失了呢?其实能量并没有消失,只是我们用肉眼看不到而已。弹簧被腐蚀需要一段时间,在这段时间里,弹簧会弹开,从而推动它前面的硫酸,将弹簧的动能转变成硫酸的热能,让硫酸的温度升高。当然,温度只升高了一点点。

我们可以分析一下:假设这根弯曲的钢板弹簧的两端距离比它伸直时短了10厘米,即0.1米,此时弹簧的应力就等于1千克(弯曲的钢板弹簧的应力的平均值为 1 千克）。那么，弹簧的势能就是 $1 \times 9.8 \times 0.1 \approx 1$（焦耳）。

1 焦耳的热量只能让硫酸的温度升高一点点，几乎看不出来。此外，弹簧具有的动能也可能转化成电能或化学能。它一旦变成可以促进钢溶解的化学能，就会加速弹簧被腐蚀的进程。反之，弹簧被腐蚀的速度则会减慢。

接下来，我们就用实验来告诉大家，在实际情况下，弹簧具有的动能到底是加快了还是减慢了弹簧被腐蚀的进程。

实际上，有人很早以前就做过这个实验。

如图 80（a）所示，在玻璃缸的底部放两根用来固定的玻璃棒，它们相距 0.5 厘米。再在二者之间放一片弯曲的钢板弹簧。如图 80（b）所示，在玻璃缸的两壁之间放一块弯曲的钢板弹簧。将硫酸倒满玻璃缸，一段时间后，钢板会崩断。然后，硫酸会慢慢地将两个半段钢板完全腐蚀掉。从将硫酸倒入玻璃缸中开始计时，一直到钢板弹簧完全被腐蚀掉为止，将实验的时间记录下来。接着，在其他条件完全一样的情况下，再用未弯曲的相同钢板做一次实验。我们会发现，弯曲的钢板弹簧被完全腐蚀所需的时间比未弯曲的钢板要长。

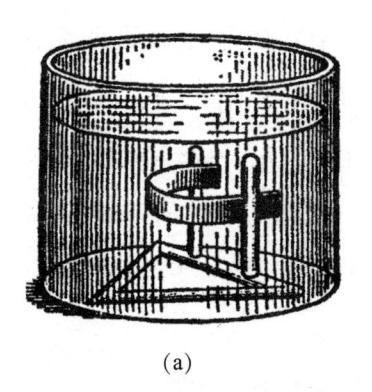

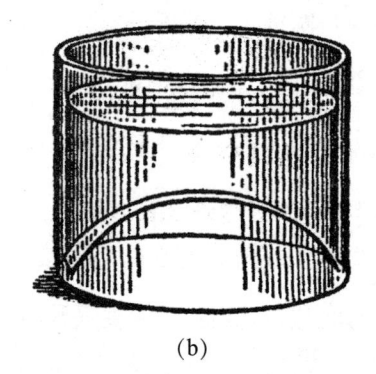

图 80　弯曲弹簧溶解实验

这个实验说明，与未弯曲的钢板弹簧相比，弯曲的钢板更耐腐蚀。显然，弹簧弯曲所花的能量，有一部分转化为化学能，还有一部分变成了弹簧弹开时的动能（又叫机械能）。也就是说，刚开始作用于弹簧的能量并未消失。将上面这个题目延伸一下：

将一束木柴拿到四楼，很明显，这束木柴的势能增加了。那么，木柴燃烧时，刚刚多出来的那部分势能到哪里去了？

问题其实很简单，让我们来想想：木柴燃烧时，会转换成一些产物。这些产物在距离地面有一定高度的位置上形成，比它在地面上形成时具有更大的势能。

第九章

摩擦力与介质阻力

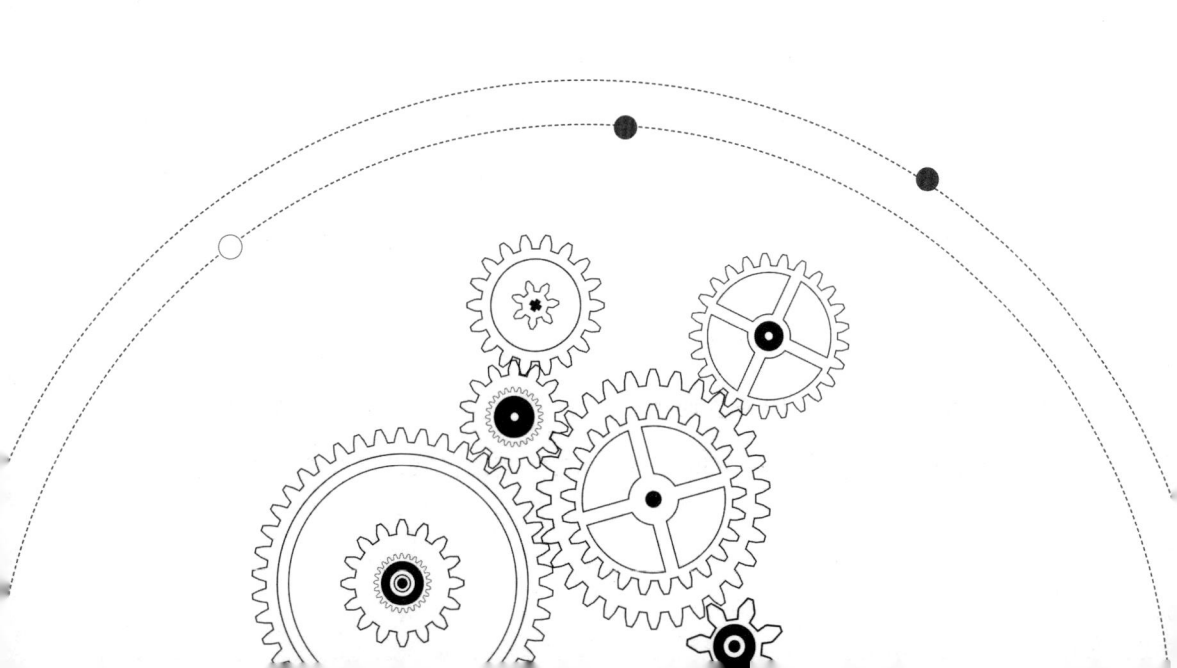

雪橇可以滑多远

【问题】一只雪橇从坡度为30°、长度为12米的滑道滑下来后,沿着水平面继续向前滑行。那么,这只雪橇可以滑多远?

【回答】如果忽略雪橇与雪面之间的摩擦力,这只雪橇会一直滑行下去,永无止境。事实上,尽管摩擦力非常小(一般情况下,雪橇下面的铁条和雪面之间的摩擦系数为0.02),也无法否认它们之间确实存在摩擦力。因此,当雪橇从雪山上滑下来的时候,它所得到的动能会在克服摩擦力的过程中完全消耗掉。一旦动能消耗完,它的滑行运动就会画上句号。

想计算出雪橇在水平方向上滑行的距离,首先要计算的就是它从雪山上滑下来时得到的动能。如图81所示,假设雪橇从高度为AC的地方滑下来。由图可以知道,AC的长度正好是AB的一半(因为∠ABC=30°),因此,AC=6米。我们假设雪橇的重力为P千克,那么当雪橇滑到水平面时,如果忽略摩擦力,它得到的动能就是6P千克·米。我们可以把雪橇的重力P分解成两个分力:一个是与AB垂直的力Q,另一个是和AB平行的力R。摩擦系数为0.02,所以力Q等于Pcos30°,即0.87P,因此克服摩擦力所消耗的动能是

$$0.02 \times 0.87P \times 12 \approx 0.21P（千克·米）$$

所以，这只雪橇获得的实际动能是

$$6P - 0.21P = 5.79P（千克·米）$$

按照题意，雪橇滑下来后，会沿着水平方向滑行。假设它总共滑行了 x 米，那么它克服摩擦力所消耗的功就是 $0.02Px$ 千克·米。于是，我们可以得出以下方程式：

$$0.02Px = 5.79P$$

可以得出

$$x \approx 290（米）$$

也就是说，这只雪橇从雪山上滑下来后，会继续沿着水平方向滑行 290 米后停下来。

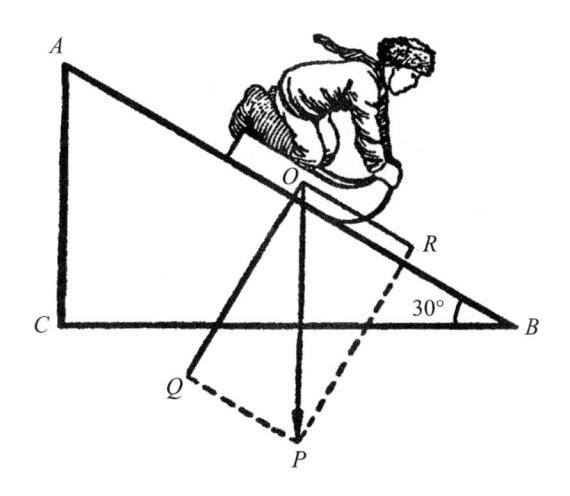

图 81　雪橇可以滑多远

关闭发动机后汽车可以走多远

【问题】一辆汽车以 72 千米/小时的速度行驶在水平公路上。突然，司机关闭了发动机，假设汽车的运动阻力为 2%。请问，这辆汽车可以继续向前行驶多远？

【回答】很明显，这个题目和之前的题目有些相似，但我们计算汽车的动能时所用的方式不同。大家都知道，汽车的动能为 $\frac{mv^2}{2}$。其中，m 表示汽车的质量，v 表示汽车的行驶速度。假设汽车的动能会在 x 米之内消耗完，也就是说，汽车行驶 x 米后会停下来。由题意可知，在这段路程上，汽车受到的阻力是汽车重力的 2%，假设汽车的重力为 P，可以得出：

$$\frac{mv^2}{2}=0.02Px$$

然而重力 $P=mg$。其中，g 代表的是重力加速度。因此，上面的式子变成

$$\frac{mv^2}{2}=0.02mgx$$

可以求出距离 x 的大小：

$$x = \frac{25v^2}{g}$$

表达式中并没有汽车的质量 m，因此关闭发动机后，汽车继续向前行驶的距离和汽车的质量没有任何关系。在本题中，汽车的速度 v 为 72 千米/小时，即 20 米/秒，取 g=9.8 米/秒^2。将这两个值代入上面的式子中，可以得出此距离大约为 1 000 米，即这辆关闭了发动机的汽车可以继续向前行驶 1 000 米。其实在计算的过程中，我们假设空气阻力为 0，得到的结果会比较大。如果考虑空气阻力，得到的结果会小得多。

马车的轮子为什么不一样大

你们有没有注意过，很多马车的前轮都比后轮小。在不担负转向任务、不放在马车车体下时也同样如此，这是怎么回事呢？

我们还是换一种问法吧：马车的后轮为什么比前轮大？原因很简单：如果前轮比较小，马车的轴线会低一些，车辕和挽索就会产生一定的倾斜度，当马车步行陷进坑洼里时，马很容易就能把马车拉出来。如图 82（a）所示，车辕 AO 是倾斜的，马的拉力 OP 就可以分成 OQ 和 OR 两个力。其中，OR

表示向上的力，可以把马车从坑洼里拉出来；OQ 代表向前的力，可以拉着马车前进。如果车辕是水平的，它施力的方向就是图 82（b）中 $A'\ O'$ 的样子，那么就不会出现一个向上的力。在这种情况下，把马车从坑洼里拉出来就相当困难。当然，如果道路保养得比较好，没有坑洼，也可以采用图 82（b）中的车辕。例如，汽车和自行车的前、后轮的大小就是一样的。

我们再回过头去看看这道题：为什么后轮不能和前轮一样，做得小一点呢？这是因为，和小轮子相比，大轮子的摩擦力会小一点。还是说得再具体一些吧：一个滚动体受到的摩擦力和自身半径成反比。在这种情况下，人们当然要尽可能地把后轮做得大一点了。

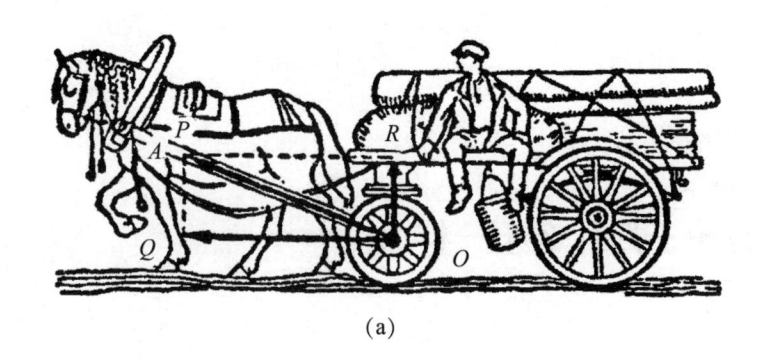

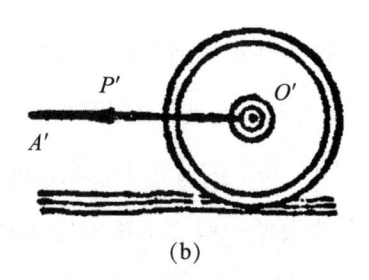

(a)

(b)

图 82　为什么马车的前轮比后轮小

机车与轮船的能量去哪儿了

许多人惯常性地认为，机车和轮船所有的能量都耗费在维持自身的运动上。事实上，机车仅仅在刚开始的$\frac{1}{4}$分钟里将所有的能量耗费在维持它自身和整列火车的运动中。在其他时间里，这些能量在克服摩擦力和空气阻力的过程中消耗得一干二净。众所周知，电车的电力来自发电厂输出的电能。相同的道理，这些电能几乎全部用来加热城市上方的空气（经过摩擦消耗了功，并且变成了热能）。如果不存在空气阻力，火车只需要在最初的几十秒内得到一个速度，然后就能在惯性的作用下，沿着轨道不断地运动下去，无须任何能量来推动。

由之前的分析可知，物体的匀速运动不需要力的参与，即这个过程不会消耗一丁点能量。也可以说，物体做匀速运动时之所以需要能量，只是为了克服阻力。同样，轮船上的动力机械也是为了克服水的阻力。

一般来讲，与在陆地上运动遇到的阻力相比，物体在水中运动受到的阻力要大得多。而且，在速度增加的同时，物体受到的阻力会迅速变大。从理论上来讲，它和速度的二次方成正比。水中的运输速度远远比不上陆地的运输速度，原因就在于此。

一名优秀的划手轻易就能让小艇的速度达到 6 千米 / 小时，但如果将速度再增加 1 千米 / 小时，他可能连吃奶的力气都要使出来了。若想让一艘轻便的竞赛艇划出 20 千米 / 小时的速度，起码需要 8 名熟练的划手。

假如说水的阻力会因为运动速度的增加而迅速变大，那么水的携带能力也会因为速度的增加而迅速增大。关于这个问题，我们会在后面进行深入讨论。

艾里定律和水流中的石块

大家都知道，河水一直在运动，并不断地冲刷着河岸。而且，它还会将冲下来的碎块带到河床的其他位置。在水流的作用下，河底的石块会不断地翻滚。有的石块很大，很明显这是因为水的能力非常大，但并不是所有的河流都有这样的本事。例如，平原上流得非常慢的河流，它带起来的也许不过是一些非常细小的砂粒。不过，只要水流的速度稍微变大，水流携带石块的能力就会大大提高。如果河水的速度变成原来的 2 倍，那么它就能带走一些大块的鹅卵石。图 83 所示是山涧中的急流，它可以将重达 1 千克甚至更重更大的圆石带走。我们应该如何理解这个现象呢？

图 83　山涧中的急流可以把石块带走

这里要提到一个有意思的力学定律，就是艾里定律。它的内容如下：如果水流的速度变成原来的 n 倍，那么水流能够带走的物体的质量就会是原来的 n^6 倍。

接下来，我们就来看看，艾里定律中出现 6 次方这一罕见比例关系的原因。

为了方便说明，我们假设河底有一块边长为 a 的立方体石块。如图 84 所示，石块的侧面 S 受到水流压力 F 的作用。力 F 想将石块沿轴 AB 翻转过去。此时，在石块的重力 P 的反作用下，它就无法沿轴 AB 翻转。根据力学原理，要使石

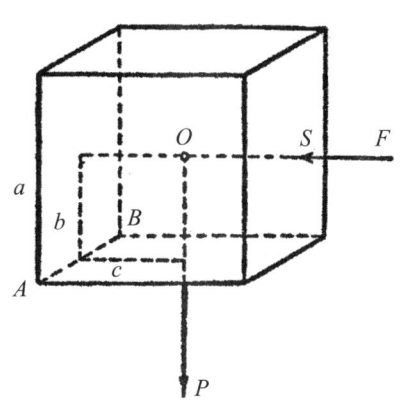

图 84　边长是 a 的正方体石块在水流里受到的作用力示意

块保持平衡，必须要保证力 F 与力 P 对轴 AB 的力矩相等。所谓力矩，就是作用力和它到轴的距离的乘积。因此，对于力 F，它的力矩等于 Fb，对于力 P，它的力矩等于 Pc。而 $b=c=\dfrac{a}{2}$，因此，只有在 $F\times\dfrac{a}{2}\leq P\times\dfrac{a}{2}$，即 $F\leq P$ 时，石块才可以保持平衡。大家都知道，在 $Ft=mv$ 中，t 代表的是力 F 作用的时间，m 代表的是在这段时间里作用于石块上的水的质量，v 则表示水流的速度。

根据流体动力学，我们得出以下关系：在与水流方向垂直的平面上，水流对它的压力与这个平面的面积和水流速度的平方都成正比，即

$$F=ka^2v^2$$

依据阿基米德原理，我们知道

$$P=a^3d-a^3=a^3(d-1)$$

其中，d 是距离。那么，之前的那个平衡条件就可以表示成

$$ka^2v^2\leq a^3(d-1)$$

化简得出

$$a\geq\dfrac{kv^2}{d-1}$$

也就是说，只有在方石块的边长和水流速度的二次方成比例，并大于这一比例关系的情况下，它才可能抵挡得住水流的冲击。

我们了解到，方石块的质量和 a^3 是成比例的，而 $(v^2)^3=v^6$，因此水流能够带走的方石块的质量与水流速度的 6 次方成比例。

这就是艾里定律中的比例关系。在上面的分析中，我们仅仅以立方体石块为例进行了证明。经过证明，我们了解到：这个定律对所有形状的物体都适用。

针对艾里定律，我们可以举例来进行计算。假设有3条河流：第一条河流的水流速度为第二条的一半，第二条河流的水流速度又是第三条的一半，即它们的水流速度之间的关系为1∶2∶4。按照艾里定律，这3条河流能够带走的石块的质量应该满足以下比例关系：

$$1:2^6:4^6=1:64:4\,096$$

因此，假如第一条河流能够带走重4克的砂粒，那么第二条河流能带走的砂粒的质量为256克，第三条河流就能带走重达16千克的大石块。

雨滴的下落速度

下雨时，雨滴在行驶的火车或汽车玻璃上会形成一些斜线，这个现象非常有趣。该现象总共包含两种运动方式，它们依据平行四边形规则做合成运动。换句话说，雨滴在落下的同时，也会参与火车或汽车的运动。如图85所示，这两个运动的合成为直线运动。但如果火车做的是匀速直线运动，由力学知识可知，雨滴应该保持匀速下落。该结论好像与我们的"常识"不符，下落的物体怎么会做匀速运动呢？简直是天大的玩笑！可是，雨滴在玻璃上的流动轨迹明明是斜直线，根据力学原理，如果雨滴保持加速下落，那么玻璃上的雨滴应该沿曲线运动。

图 85　车窗上面的雨滴的运动轨迹

实际上，雨滴在下落的过程中，并不是进行我们想象中的加速下落，而是匀速下落。此时，雨水受到的空气阻力正好和产生加速度的自身重力相互平衡。若不是这样，雨滴下落的时候不会受到空气阻力的任何影响，这对我们来说不仅不是好事，反而可能出大问题。形成雨的云一般会在 1 000 ~ 2 000 米的高空中聚集，如果雨滴在下落的时候没有受到阻力的影响，那么它从高空落下到地面时的速度会达到

$$v=\sqrt{2gh}=\sqrt{2\times 9.8\times 2\,000}\approx 200（米/秒）$$

这是什么？简直赶得上手枪子弹的速度了！即便雨滴是由水分子组成的，它的动能仅为子弹的 $\frac{1}{10}$，但速度如此快的雨水"扫射"到人的身上，人肯定会感到非常痛。

请问，雨滴落到地面时的速度究竟是多少？我们来探讨一下这个问题，

第九章　摩擦力与介质阻力

先分析下落的雨滴做匀速运动的原因。

任何物体从空中下落时都会受到空气阻力的影响。但在整个过程中，空气阻力一直在变化，在下落速度增加的同时，阻力也会增加。雨滴一开始下落的时候，它的速度非常小，受到的阻力完全不用考虑。可是随着下落，它的速度必然会增加，空气阻力就应该计算在内了。在这段时间里，雨滴仍然保持加速下落，它的加速度却比自由落体时略小。在下落的过程中，它的加速度会慢慢变小，最后变成 0。加速度消失后，雨滴就开始做匀速运动。由于速度不再发生变化，雨滴受到的阻力会保持不变，始终保持匀速下落，既不减速，也不加速。

物体在空气中下落的时候，会突然开始做匀速运动。雨滴非常小，所以这个时刻比重一些的物体来得早。在实验中，我们对雨滴下落时的最终速度进行了测量：对于质量为 0.03 毫克的雨滴，它的最终速度为 1.7 米/秒；对于质量为 20 毫克的雨滴，此速度为 7 米/秒；对于质量为 200 毫克的雨滴，此速度仅为 8 米/秒（这是实验中所发现的最大速度）。做这个实验时，我们用了很巧妙的方法。

图 86 所示是用来测量雨滴速度的仪器。它通过两个圆盘上、下平行地装在一根竖直的轴上，上面的圆盘上有一条狭小的扇形缝。接着，我们用雨伞把仪器遮住后放在雨中，等到它快速旋转就立刻把伞拿开。此时，通过狭缝的雨滴会落到下面圆盘的吸墨纸上。当雨滴通过上面的狭缝下落的时候，由于两个圆盘转出了一定的角度，所以雨滴下落到圆盘上的位置并不在上面那条狭缝的正下方，而是略微错后。

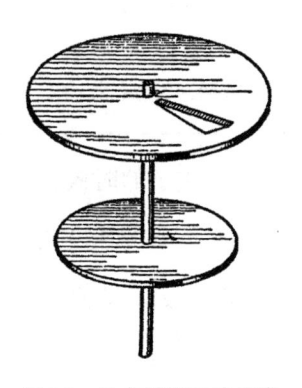

图 86　用来测量雨滴速度的仪器

比方说，如果雨滴落在下面那个圆盘的位置与圆周长相比落后了 $\frac{1}{20}$，圆盘的转速为 20 转 / 分钟，两个圆盘之间的高度差为 40 厘米，雨滴下落的速度就可以计算出来了。我们已知两个圆盘相距 0.4 米，雨滴走过这段距离所用的时间正好等于转速为 20 转 / 分钟的圆盘转一周所花时间的 $\frac{1}{20}$，为 $\frac{1}{20} \div \frac{20}{60}$ 秒，即在 0.15 秒钟内，雨滴下落的高度为 0.4 米，因此它的速度为 $\frac{0.4}{0.15}$ =2.6（米 / 秒）。

如果想测量出枪弹射出的速度，也可以用这个方法。再来看看这道题，我们怎样才能测量出雨滴的质量呢？根据雨滴在吸墨纸上的湿迹大小就可以得出答案。但是，我们首先必须弄清楚每平方厘米吸墨纸的吸水量。

接下来，再来看看雨滴下落的速度和质量的关系，如表 3 所示。

表 3　雨滴下落的速度和质量的关系

雨滴的质量 / 毫克	0.03	0.05	0.07	0.1	0.25	3.0	12.4	20
半径 / 毫米	0.2	0.23	0.26	0.29	0.39	0.9	1.4	1.7
下落的速度 /（米·秒$^{-1}$）	1.7	2	2.3	2.6	3.3	5.6	6.9	7.1

下雹子的时候，雹子打到人身上人感觉很痛，对此我们深有体会，这是因为它下落的速度比雨滴快得多。雹子的速度之所以这么快，就是因为它的颗粒比较大。即便如此，雹子在下落时进行的也是匀速运动。

除了雹子，从飞机上投下来的榴霰弹同样如此。它到达地面时是匀速下落的，而且落到地面时的速度非常慢。因此，它没有任何攻击性，甚至连软毡帽也无法击穿。但如果换成铁箭，从相同的高度落下时完全可以刺穿人体。

这是因为，对铁箭而言，它的每平方厘米截面积上的平均质量远远大于榴霰弹。炮手往往将该现象的原因归结于箭的"截面负载"大于子弹，因此箭更容易克服空气阻力。

物体越重，下落的速度就越快吗

我们经常会看到物体下落的现象，这是一个进行力学研究的好例子，会将一些"常识"与科学的巨大分歧展现在公众面前。对力学一无所知的人，也许会认为重的物体比轻的物体下落得更快，亚里士多德曾经也这么认为。

在很长一段时间内，人们都对该问题存在分歧，直到17世纪，伽利略才正式提出了不同意见。不得不说，他是一位伟大的自然科学家，不仅促进了物理学知识的普及，还给我们提供了全新的思想方法。伽利略提出：

还需要做实验吗？一个简单的推论就能证明，那些认为较重物体比同种物质构成的较轻物体下落得快的说法是错误的……如果两个下落物体的自然速度不一样，我们可以把速度较快的物体和速度较慢的物体连在一起。很明显，速度较快的物体很快就会被另一个物体所阻滞，变慢，另一个物体的下落速度则会变快。如果事实确实如此，那我们再假设开始时，大物体的速度为8，小物体的速度为4，它们连起来后，得到的速度应该小于8。可是，这两个物体连起来后，质量明显大于两个物体中的任何一个物体。于是，我们可以推断出：较重物体的下落速度小于较轻物体。这与之前的假设相互矛盾，因此按照较重物体比轻物体下落得快的说法，我们会得出一个结论：较重的物体下落得更慢。

我们已知：在真空中，物体下落的速度全都一样，但在空气中，物体下落的速度之所以会有不同，问题就出在空气阻力上。空气对运动物体的阻力只会受到物体的尺寸和形状的影响。到这里，有的读者也许会问：既然如此，假设两个物体的大小和形状都一样，但质量不同，那么它们下落的速度相同吗？在真空中，它们的速度应该相同，在空气阻力的作用下，它们减小的速度也应该相同。比方说，如果铁球和木球的直径相同，它们下落的速度就应该相等。显然，这个推论和实际情况不符。

对此，应该作何解释呢？

还记得在第一章里提到的"风洞实验"吗？此处也可以用它来分析。

假设有一个竖立的风洞，在风洞里挂两个尺寸相同的木球和铁球，通过下端吹来空气流作用于它们身上。也就是说，在风洞里，我们研究的现象不再是"下落"，而变成了"吹起"。

那么这时，先被空气流吹走的会是哪个球呢？显然，虽然作用到这两个球上的力量相等，这两个球得到的加速度却不同，木球得到的加速度会大一些。这一点，我们可以从公式 $F=ma$ 中得出来。如果可以还原该现象，我们看到的应该是木球最终落在了铁球的后面。换句话说，在空气中，铁球比体积相等的木球下落得更快。

还有一个例子，你玩过从山顶上往下扔石头的游戏吗？扔石头时，你可能没有注意到一个现象，大石头比小石头飞得更远。这个现象其实很好理解：

在飞行的旅途中，大石头和小石头受到的阻力几乎一样大，但由于大石头的动能比较大，所以它更容易克服阻力。

顺流而下的木筏

物体从河面上顺水而下与在空气中下落的情况极为相似，对于这一点，恐怕很多读者都会觉得意外。人们一般会认为，没人划桨也没挂船帆的小船在河面上顺水漂流的时候，它运动的速度一定就是水流的速度。

但这是个错误的观点，真相是：小船的速度比水流快，而且小船越重，运动的速度就越快。针对以上结论，那些经验证丰富的木筏子工人最有发言权。然而，很多物理学初学者却并不一定了解，我就是这样，不久前才明白其中的道理。

这个现象貌似难以理解，不妨来研究一下吧。

小船顺流而下时，速度怎么可能比浮载它的水的速度更快呢？值得注意的是，河水运载小船的情况和运输货物的情况有所区别。在多数情况下，水面都有一定的倾斜度，这样河水才可以流动起来。也就是说，物体是在一个倾斜面上向下加速滑动的。

但是，河里的水会和河床有一定的摩擦，河水在做匀速运动。很明显，小船在河里自由滑行时，总会有加速超过河水流速的时刻。于是，河水会对小船产生反向的制动作用，仿佛空气阻力会对自由下落的物体产生影响。

小船最终会得到一个速度，在之后的运动中，它会一直保持这个速度。如果物体的质量非常轻，最后的速度就会来得早一点，而且物体的速度也比较小。相反，如果物体比较重，它在水里得到的最终速度就会大一点。

桨比小船要轻得多，所以从小船上垂下来的桨，一定会落在小船的后面。可是，桨和水流的速度都比不上小船。在急流中，这种现象会非常明显。

为了让读者对以上现象的了解更加深刻，我特意引述了一位旅行家的经历：

有一次，去阿尔泰山区旅行。我们乘坐木筏在比雅河上漂流，通过这条河的发源地，也就是捷列茨科耶湖，一直顺流而下，来到了比斯克城。用了整整5天，我们才完成了这段旅程。在出发前，有人提出，木筏上乘坐的人应该少一些。

"没事的，"老木筏工人说，"这样速度会更快。"

"怎么可能呢？我们顺流而下，不是应该和水流的速度一样吗？"

"当然不是，木筏的流速比水流快得多，而且木筏越重就跑得越快。"起初，我们觉得老木筏工人是在开玩笑。出发以后，老木筏工人将一些木片丢进了河里。我们很快就发现，木片被甩得远远的。

不得不承认，老木筏工人在实践中得出的真理得到了证明，而且这个证明显而易见。我们漂流了一段时间，陷入一个旋涡，转了很多圈，总算是从旋涡中出来了。开始打转时，木筏上面的一柄木槌掉进水里，没等捞起来，它就漂走了。

"别着急，"老木筏工人说，"等咱们出了旋涡，很快就会追上去，我们可比它重得多。"

虽然我们在旋涡中挣扎了很长一段时间，老木筏工人的预言却再次得到了证实。

漂到另外一个地方的时候，我们遇到了一排木筏。一开始，它们漂在前面，由于木筏非常轻，而且上面一个乘客都没有，所以没过多久，我们就把它甩到了身后。

舵的操作原理

众所周知，即便是一具非常小的舵，同样可以操纵一艘大船。这是怎么回事呢？

如图87所示，在发动机的作用下，这艘船会沿着箭头的方向运动。在研究船体与水的相对运动时，我们往往把船看成固定不动的物体，觉得水流正在朝和船行进方向相反的方向移动。从图中可以看出，水有一个作用力 P 压在舵 A 上。在 P 的作用下，船会围绕着重心 C 进行转动。船和水的相对速度越大，舵就会越灵敏。如果船和水的相对速度是零（它们相对静止），这只舵就不能让船移动。

以前，有人想出一个操纵大平底船的巧妙方法，如图88所示。船没有动力，只是顺水漂浮，舵在船头。船要转弯的时候，划船的人会在船尾的一条长索上系上重物，接着丢到河底，让它在船的后面拖着，这样就能操纵这艘大船了。这是怎么回事呢？原因非常简单，平底船的运动速度比水慢一点儿，因此水和船的相对运动与船的运动方向一致，水对舵产生的作用力和船上装有发动机、船比水运动得快的情形正好相反。因此，这种船的舵必须装在船头，而不能装在船尾，如此才能操纵大船。

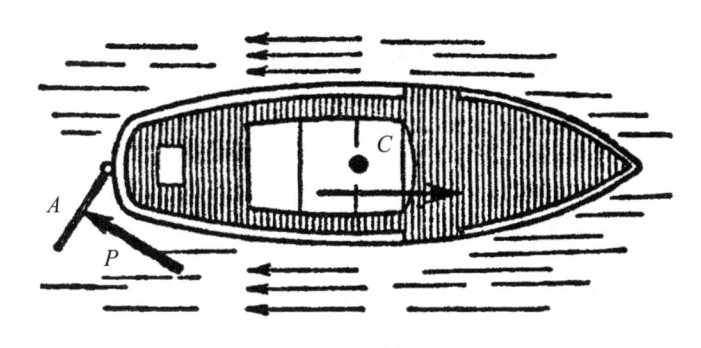

图 87　有发动机的船，舵在船尾

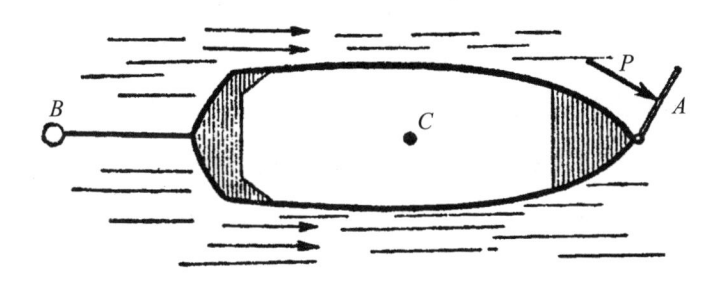

图 88　如果船的行驶速度比水流速度小，舵就在船头

什么情况下你会被雨水淋得更湿

【问题】假设你戴着一顶帽子在雨中站着,当雨水竖直下落的时候,什么情况下会把你的帽子淋得更湿,是你在雨中站着不动的时候还是在雨中奔跑的时候?

乍一看,这个题目似乎不知道从哪里下手,但只要我们换一种说法,你就会觉得简单多了:下雨时,每秒钟落到固定不动的车顶上的雨水和落在行驶着的汽车车顶上的雨水,哪个更多?

当我向一些研究力学的人问起这个问题时,得到的答案可以说是五花八门。有的人认为,在雨里安静站着的时候,帽子湿得少一点;有的人认为,在雨中快跑时,帽子湿得少一点。真相到底是什么呢?

【回答】在这里,我们着重分析一下这个题目的第二种问法。

如图89所示,汽车停止行驶的时候,每秒钟落到车顶的雨水其实就是一个直棱柱形的水柱。这个棱柱的底部是车顶,雨滴落下的速度 V 则为它的高。

但对于行驶着的汽车,情况会复杂得多。我们可以这样想:当汽车以速度 C 在路上行驶时,我们可以把汽车看作固定不动的物体,但实际上,路正

在以速度 C 向相反的方向运动。因此，对"固定不动"的汽车而言，垂直于路面下落的雨滴总共进行了两种运动，即以速度 V 竖直下落和以速度 C 水平运动。雨滴的合成速度 V_1 的方向是倾斜于车顶的。也就是说，对"固定不动"的车顶来说，雨下落的方向也是倾斜的，如图 90 所示。

如图 91 所示，我们可以得出以下结论：每秒钟落到行驶着的汽车车顶上

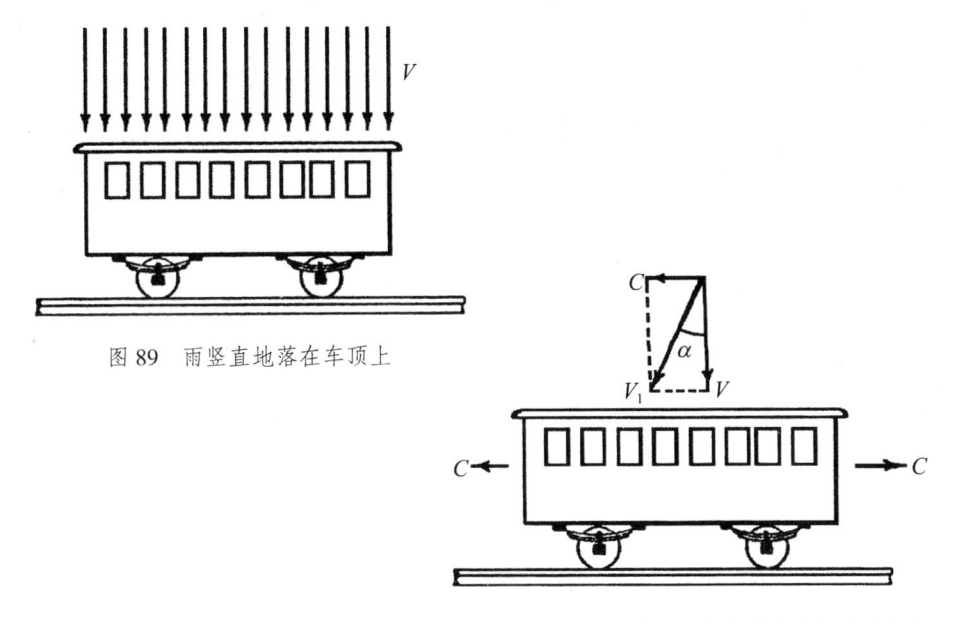

图 89　雨竖直地落在车顶上

图 90　雨是倾斜地落在正在行驶的汽车车顶上的

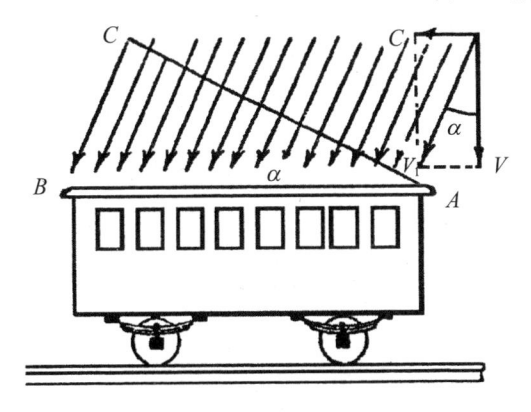

图 91　落在行驶着的汽车车顶上

的雨水总量是一个倾斜的棱柱体。在图中，我们可以清楚地看到，这个倾斜的棱柱体也是以车顶为底的。它的侧棱与竖直线之间的夹角为 α，而侧棱的长度为 $V1$，因此倾斜的棱柱体的高是

$$V=V_1\cos\alpha$$

在前面的分析中，我们总共提到了两个棱柱体，一个是直棱柱体，另一个是斜棱柱体。虽然它们的形状不一样，但底和高都是相等的，可以得出它们的体积也相等。就是说，在这两种情况下，总的雨水量相等。所以，无论你是一动不动地站在雨中，还是快速奔跑，雨水把你的帽子淋湿的程度完全相同。

第十章

自然界中的力学

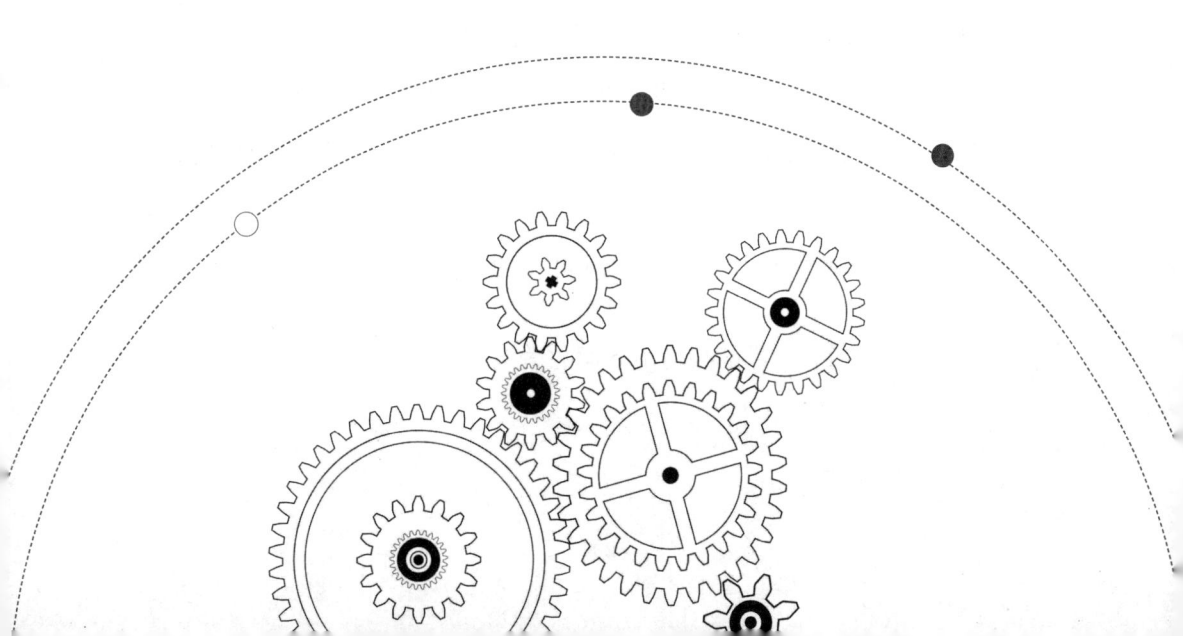

格列佛和大人国

如果你们看过《格列佛游记》,一定会对故事里面的大人国印象深刻,那里巨人的身高是我们普通人的12倍。可能有人会觉得,如果是这样,是不是意味着他们的力量也是普通人的12倍呢?在这部游记中,作者斯威夫特确实将巨人描述得强壮有力。但我想说的是,从力学角度来分析的话,这种看法一点儿也不科学。在接下来的分析中,你们会发现,巨人的体力不仅不可能是普通人的12倍,反而比普通人柔弱得多。

下面,我们就来看看格列佛和巨人到底有什么不一样。当两个人同时向上将右手举起时——假设格列佛手臂的重力为p,巨人手臂的重力为P;格列佛手臂重心的高度为h,巨人手臂重心的高度为H——那么,格列佛做的功就等于ph,巨人做的功则为PH。接下来,我们就来研究一下两个功之间的关系。巨人与格列佛的手臂重力的比应该与它们的体积之比相等,也就是$\left(\dfrac{H}{h}\right)^3$,因为$\dfrac{H}{h}=12$,我们能够得出下面的关系:

可以得出

$$\begin{cases} P = 12^3 \times p \\ H = 12 \times h \end{cases}$$

$$PH = 12^4 \times ph$$

也就是说，如果两个人都将手臂向上举起来，那么巨人做的功应该是普通人的 12^4 倍。巨人真的有这样的本事吗？我们有必要将他们的肌肉力量进行对比。在此之前，先引用一段生理学教程中的文字：

对于肌肉是平行纤维的手臂而言，举重可以达到的高度和肌肉纤维的长度有关，可以举起的质量则与肌肉纤维的数目有关，这是因为质量散布在各条肌肉纤维上。假设两条肌肉纤维的质地和长度都一样，那么肌肉纤维的截面积越大，所做的功就越大。假设两条肌肉纤维的截面积相等，那么肌肉纤维的长度越大，所做的功就越大。在两条肌肉纤维的长度与截面积都不同的情况下，体积和所做的功会成正比，体积越大，所做的功越大。

在我们分析巨人和格列佛的做功能力时，这段话提供了极大的帮助，很容易就能得出一个结论：巨人做功的能力是格列佛的 12^3 倍，这其实是他们肌肉的体积之比。

如果用 w 表示格列佛的做功能力，用 W 表示巨人的做功能力，可以得到式子

$$W = 12^3 w$$

即巨人和格列佛举起手臂时，巨人所做的功是格列佛的 12^4 倍，巨人的做功能力则为格列佛的 12^3 倍。和格列佛相比，巨人举起手臂时要困难 12 倍。也就是说，巨人比格列佛弱了 12 倍。因此，想要战胜一个巨人，根本不需要一支 1 728（12^3）人的军队，144 人的军队就能解决问题了。

如果斯威夫特想让自己笔下的巨人和普通人一样自由运动，那么，巨人

的肌肉就应该是按比例算出的肌肉体积的 12 倍，即巨人的肌肉应该是按比例算出的肌肉截面积的 $\sqrt{12}$（约等于 $3\frac{1}{2}$）倍。如果巨人的肌肉真有这么粗，他们的骨骼也会随之变粗。作者或许没有想到，笔下的巨人远没有自己描写的那么灵活，而且他们的质量与笨重程度和河马相差无几。

河马为什么那么笨重

在人们的印象中，河马总是一副非常笨重的样子，我们可以试着将它与小型旅鼠作比较。之所以选择这两种动物，原因是它们的外形大致相同。

一般来说，河马身长大约为 4 米，旅鼠的身长只有区区 15 厘米。从外形上看，它们长得比较像，不过大家都知道，对于几何形状相似，尺寸却不一样的生物来说，它们的行动能力也会各不相同。

假设这两种动物的几何形状比较相似。我们很容易就能计算出，河马的肌肉做功能力和旅鼠的肌肉做功能力之比为

$$\frac{15}{400} \approx \frac{1}{27}$$

如果想让河马和旅鼠一样灵敏，那么它的肌肉体积就必须是当前的 27

倍。也就是说，它的肌肉纤维的截面积（粗细）必须变为当前的 $\sqrt{27}\approx 5.2$ 倍。而支持如此粗的肌肉的骨头，同样应该相应地加粗这么多倍。只要简单地分析一下，我们就能知道河马笨重、臃肿、骨骼粗大的原因了。图 92 所示是相同尺寸的河马与旅鼠的骨骼与外形。在图中，它们骨头之间的对比关系表现得非常明显。表 4 列出了一些生物的骨骼占自身质量的百分比。我们会发现，生物的身躯越庞大，骨骼所占的比例就越大。

表 4　骨骼占比

哺乳类	骨骼占比/%
地鼠	8
家属	8.5
家兔	9
猫	11.5
狗	14
人	18

哺乳类	骨骼占比/%
戴菊鸟	7
家鸡	12
鹅	13.5

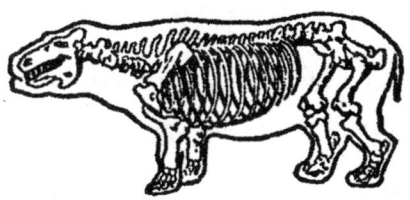

图 92　河马的骨骼（右）和旅鼠的骨骼（左）的比较（图中，我们把河马的骨头长度缩小到了旅鼠的尺寸，一眼就能看出河马骨头不成比例地粗大）

陆生动物的身体结构

陆生动物的身体结构的很多特点，都能从力学的基础定律中找到解释，那就是：动物四肢的工作能力和身长的三次方成正比；用于控制它们四肢所消耗的功和身长的四次方成正比。因此，动物的身躯越大，意味着它们的脚、翼、触角等肢体越短。反之，身躯越小的动物，四肢越长，这对所有的陆生动物都适用，盲蜘蛛就是一个很好的例子。如果动物的身体尺寸很小，那么它们的形状就和盲蜘蛛差不多，这些现象都可以用力学定律来解释。但是，如果它们的身躯达到一定的尺寸（例如狐狸），体形看起来就不会那么像了。这是因为，它们的脚承受不了身体的重量，行动起来也会非常不方便。但在海里又大不一样，动物的体重可以在水的排斥作用下达到平衡，所以有些海洋生物也能长成和盲蜘蛛一样的形状。例如深水螃蟹，它的身长大概是半米，脚却长达 3 米。

这个定律始终贯穿于各种动物的发育过程中。从比例上来讲，成年动物的四肢比初生时要短一点，也就是说，动物身体的发育超过了四肢的发育，这对动物建立肌肉和运动所需要的功之间的对应关系有很大的帮助。

巨兽终将灭绝

毫无疑问，力学定律已经为动物的身体尺寸规定了大小。要增加动物的绝对力量，只有一种可能，那就是让它的身躯长得足够大，但这样又会使它的灵活性降低，或者使肌肉和骨骼的比例不对称。

无论是这两种情况中的哪一种，都可能让动物丧失寻找食物的本能。为什么呢？如果身躯庞大，它们会需要更多的食物。同时，由于身体的灵活性降低，它们得到食物的可能性就随之降低。如果动物的身体尺寸达到某个值，所需要的食物超出它的能力范围，必然会导致灭亡。对此，我们完全可以在一些灭亡的古代巨型生物身上找到例证。如今，依然存活在世上的巨型生物已经极其少见。

如图93所示，恐龙是曾经在地球上生活的一种巨大生物，它们的生存能力非常低。这些巨大的生物之所以会灭亡，之前提到的那个定律是最主要的原因。但是鲸鱼并不在列，因为它生活在水里，水的压力作用会把自身的体重平衡掉，之前的定律就不再适用了。

到这里，新的疑问又会浮出水面：既然巨大的尺寸对动物生存的影响如此之大，动物为什么没有进化得越来越小呢？这是因为，即使巨大生物的比例比不上微小生物，但在"绝对值"方面，巨大生物比微小生物要强得多。再来看看《格列佛游记》中的巨人，经过前面的分析我们知道，就算巨人向上举起手臂的时候比普通人困难12倍，他们可以举起的重量却是普通人的1 728倍。

如果用12除以这个重量，就可以知道巨人的肌肉能够支持的重量。很明显，这个重量大概是普通人体重的144倍。因此，两个动物打斗时，体型大的动物会占有非常大的优势。但是，就算巨大生物在打斗中占尽优势，在寻找食物等方面却可能陷入绝境。

图93 把远古时代的巨兽放在现代化都市的街道上，会形成鲜明的对比

人和跳蚤的跳跃能力

一只身长仅为几毫米的跳蚤，能跳到40厘米的高度，是它自身身长的100多倍。很多人觉得不可思议，对跳蚤强大的跳跃能力惊叹不已。

有人说：我们人类应该也可以跳到 1.7×100=170（米）的高度，如图94所示。

事实上，人类做不到，为什么？从力学的角度进行分析就可以找到答案。我们先假设人的身体和跳蚤的几何形状近似，这样更便于后面的讨论。

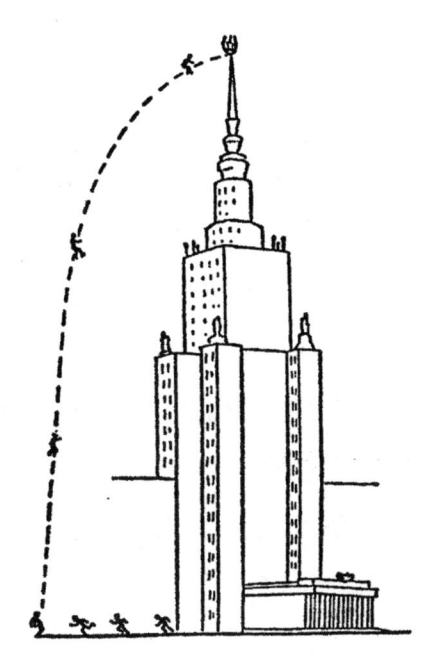

图94　如果人能和跳蚤一样跳得那么高

假设跳蚤的重力为 p，跳起来的高度为 h，那么它跳起来时所做的功就是 ph。如果用 P 来表示人的重力，用 H 来表示人的跳跃高度（重心升高的高度），人跳起来时做的功就等于 PH。在大多数情况下，我们身体的长度大约是跳蚤的 300 倍，我们的重力就等于 $300^3 p$，我们跳起来所做的功即 $300^3 pH$。这个值和跳蚤所做的功的关系如下：

$$\frac{300^3 pH}{ph} = 300^3 \frac{H}{h}$$

在做功的能力方面，我们是跳蚤的 300^3 倍。因此，我们只需要使出跳蚤的 300^3 倍的能力就行了。但问题在于，人是否可以做出如此大的功？

已经知道：

$$\frac{人做的功}{跳蚤做的功} = 300^3$$

将之前的表达式代入，可以得出

$$300^3 \frac{H}{h} = 300^3$$

可以得出

$$H = h$$

因此，从跳跃能力方面来说，只要人可以将自己的重心升高到与跳蚤跳起来的高度相等的距离，即 40 厘米，就可以和它打成平手了。显而易见，这个高度对我们来说简直是小菜一碟。因此，在这一方面，我们一点儿也不比跳蚤差。

如果你觉得之前的分析无法说明任何问题，那么请看下面这个事实：当跳蚤跳到 40 厘米高的地方时，对它而言，它升起来的重力完全可以忽略不计。但当我们跳得这么高时，提升起来的重力是它的 300^3，即 27 000 000 倍。说得再简单一点就是，如果 2 700 万只跳蚤同时跳跃，它们提升起来的总重力才抵得上一个人。因此，当一个人跳跃时，就好比 2 700 万只跳蚤组成的大军一起跳跃。如果此时进行比较就可以说：人跳起的高度远远大于 40 厘米，所以人比跳蚤厉害得多。

现在，你们应该明白，为什么尺寸越小的动物，它们相对的跳跃高度就越大了吧。如果我们把跳跃机能相同的不同动物和它们的身体大小进行比较，得出的结论如下：

- 老鼠跳起的高度是它身长的 5 倍。
- 跳鼠跳起的高度是它身长的 5 倍。
- 蚱蜢跳起的高度是它身长的 30 倍。

大鸟和小鸟哪个更能飞

假如想准确地将各种动物的飞行能力进行比较，我们必须注意一点：扑打翅膀的目的是克服空气的阻力。假设翅膀的运动速度相等，那么克服空气的阻力就只受到翅膀面积的影响。对于不同尺寸的动物而言，翅膀面积和它身长的二次方成比例关系，翅膀所能支撑起的动物体重则和它身长的三次方成比例关系。因此，如果动物的尺寸增大，翅膀上每平方厘米面积的负载也会按比例增加。《格列佛游记》中讲到，巨人国里有一种巨鹰，巨鹰翅膀上每平方厘米面积所承受的负载是普通鹰的 12 倍。如果把它们和小人国里仅能承受普通鹰的 $\frac{1}{12}$ 负载的鹰进行对比，巨鹰就会显得比较低能。

还是回到我们经常见的普通飞行动物吧！表 5 所示是几种飞行动物翅膀上每平方厘米面积所能承受的负载（括号中的数字代表动物的体重，单位为克）。

在表 5 中，我们可以发现：飞行动物的体重越大，翅膀上每平方厘米面积所能够承受的负载就越大。鸟类的身体有一个极限值，一旦突破了这个极限，它们的翅膀就无法维持自身体重。由此，我们联想到远古时代一些丧失了飞行能力的巨鸟，它们出现这种情况有一定的道理。图 95 所示是很早就已灭绝的巨鸟[1]，从左往右依次为：和人一样高的食火鸡，2.5 米高的鸵鸟，以及身长更长，5 米高的马达加斯加隆鸟。它们都丧失了飞行能力，身体变得越来越大。

表 5

昆虫类	
蜻蜓（0.9）	0.04 克
蚕蛾（2）	0.1 克
鸟类	
岸燕（20）	0.14 克
鹰（260）	0.38 克
鹫（5000）	0.63 克

图 95　食火鸡、鸵鸟与马达加斯加隆鸟

[1] 注：原书插图中食火鸡比例有误，以人的平均身高 170 厘米计，它不会比鸵鸟小这么多。

从高处落下时不会受伤的动物

昆虫从高处落下来的时候，身体会有一丁点损伤。如果人类从高处跳下来，有时也许受很重的伤。

被其他动物追逐时，昆虫经常会从很高的树上跳下来，完好无损地落到地面上，原因何在？

原因其实非常简单，如果物体的体积较小，一碰到障碍，它们的身体就会立刻停止运动，这样就不会出现身体的一部分压到另一部分的情形。

不过，如果动物体形巨大，从高处落下时情况就会完全不一样。一旦碰到障碍物，接触到障碍的那部分会停止运动，身体的其他部分却依然保持继续运动，某一部分因此受到很强的压力。可以说，体形巨大的动物之所以会在落下时受伤，就是因为感觉到了这种"震动"。

例如在《格列佛游记》中，如果小人国的 1 728 个小人挨个儿从树上跳下来，也许只会受一点点轻伤。如果成堆跳下来，那么前面跳下来的人肯定会被后来跳下来的人压伤。按照《格列佛游记》中的比例，一个普通人的身材和 1 728 个小人差不多。

昆虫从高处平安落下还有一个原因，就是它们身体各个部分的挠性非常大。以非常薄的杆子或板为例，它们在受到力的作用时很容易弯曲。与一些巨大的哺乳类动物相比，昆虫的身长仅为它们的几百分之一，由弹性公式可知，受到碰撞时，昆虫身体的各个部分甚至能增加几百倍的弯曲程度。如果碰撞发生在几百倍长的距离上，那么碰撞产生的破坏效果就会以相同的倍数减小。

树木为什么不能长到天上去

"大自然非常体贴，不让大树长到天上去。"这是德国的一句谚语。接下来，我们就来见识一下大自然对大树的"体贴"。

在正常条件下，一棵普通的树完全能够牢牢支持本身的重量。现在，我们假设它的长度和与直径都增大到原来的 100 倍，此时，树干的体积会变成原来的 100^3 倍，即 1 000 000 倍，它的重量也会以同样的倍数变大。大家都知道，树干的抗压力和它的截面积成正比，因此它的抗压力只增加到原来的 100^2 倍，即 10 000 倍，树干每平方厘米截面上受到的负载就是原来的 100 倍。如果树干变得这么高之后，仍然保持原来的几何形状，自身的重量就会将它压倒。因此，对高大的树木来说，如果要保持完整性，必须保证它的粗细和高度的比值大于矮的树木。但是树干一旦变粗，树的重量即相应增加，这样又会增加树干的负载。因此，大树的高度存在极限值，一旦超过了极限值，树干就会遭殃，此即"不让大树长到天上去"的原因。

实际上，麦秆的强度非常大，这会让人觉得很吃惊。以黑麦为例，它的麦秆直径仅为 3 毫米，它却能长高到 1.5 米。建筑体上的烟囱应该算得上是我们见过的最细、最高的建筑物了，一般情况下，烟囱的平均直径为 5.5 米，高度却可以达到 140 米（约为直径的 25 倍），黑麦麦秆的高度和直径之比高达 500。当然，我们的意图并不是证明大自然的产物比人类技术的产物更完美、更优秀。

计算结果显示，如果大自然想依据黑麦麦秆的这一关系制造出一根高 140 米的管子，那么管子的直径要在 3 米左右，才可以和黑麦的麦秆一样结实，如图 96 所示。

通过许多例子，我们可以得出一个结论：植物高度的增加和它粗细的增加并不成一定的比例关系。

例如，黑麦麦秆的长度（通常情况下为 1.5 米）是粗细的 500 倍；竹竿的长度（通常情况下为 30 米）和粗细之比为 130；松树（通常情况下高是 40 米）的这个比值约等于 42；桉树（通常情况下高是 130 米）的这个比值则更小，大约是 28……

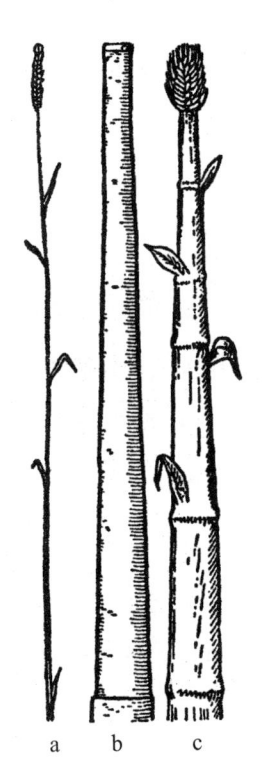

图 96　a 为黑麦秆；b 为工厂的烟囱；c 为假想的 140 米高的麦秆

伽利略眼中的"巨型"

伽利略是力学的奠基者,在本书的结尾,我为读者摘录了一部分他在代表作《关于托勒密和哥白尼两大世界体系的对话》中的文字。

萨尔维阿蒂:我们很容易就能得出,人类技术不可能无限地增加所创造物体的尺寸,大自然同样如此。例如,我们无法建造巨型的船只、宫殿和庙宇,并且保证它们的桨、桅杆、梁或铁箍等部分全部能牢固地维持自身的重量。不仅如此,大自然中也没有巨型树木,因为树上的枝干会在自身重力的作用下断落。相同的道理,用来维持自身重量的巨型人骨、马骨或其他骨骼也不存在。如果动物的尺寸很大,它们的骨骼必须比一般骨骼坚硬得多。不然的话,骨骼就应该有所变化,例如变粗。但是,此类动物在构造和形状上会给人特别庞大的感觉。对此,诗人阿利渥斯妥观察得非常敏锐,他在《狂暴的罗德兰》中对巨人的描述是这样的:

他身材高大,所以肢体很粗,看起来和怪物差不多。

图97向我们展示了这一比例关系:大骨头的长度为小骨头的3倍,它的粗细却需要增加更多倍,才可以和小骨头一样维持巨型身体的重量。假如巨

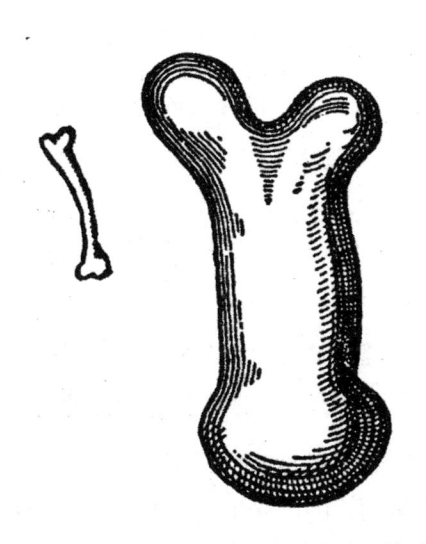

图97　大骨头的长度是小骨头的3倍时，
两根骨头粗细的比例示意

人的巨型身体和普通人的肢体比例相同，就需要另一种材质的骨头，既轻便又坚固。不然的话，巨人身体的强度会远远小于普通人。如果增大尺寸，结果就可能是这样：巨人的身体被自身的重力压塌。相反，则是另外一种情形。如果我们将身体的尺寸缩小，身体（骨骼）的强度不仅不会成比例减弱，还会有所提高。例如，一只小狗可以轻松背起两三只同等大小的狗，但一匹马要是能背起一匹同等大小的马，那可就是件怪事了！

辛普利丘：我有充足的理由对你的观点提出质疑。据了解，很多鱼类的身躯都非常庞大，例如鲸[①]。要是我没有记错的话，它的体积和10头巨象差不多，它的身躯却没有被压坏！

---

① 鲸为哺乳类动物，但是在伽利略的时代，人们将鲸归为鱼类。

萨尔维阿蒂：辛普利丘先生，谢谢您的提醒，我确实遗漏了一个条件。在这个条件下，巨人和其他巨型动物都能够生存，并且行动力丝毫不比体积小的动物逊色。此条件便是：与其将骨头的粗细与强度增加，还不如将骨头的重量减轻。实际上，大自然对鱼类采取的就是这个方法。而且，它不是将鱼类变得非常轻，是将鱼类的重力变没了。

辛普利丘：我明白您的意思，萨尔维阿蒂先生。你是说，鱼类在水中生活，水自身的浮力与水中物体的重力抵消了，所以鱼类等在水里的重力为零。在这样的条件下，就算没有骨头的帮助，鱼类照样能承受自身的重量。但是，我并不认为这足以说明问题。就算我们假设鱼类不需要用骨骼支撑身体的重量，骨骼本身也是有重量的，鲸的骨骼犹如粗梁一般，谁能说它们没有相当的重量呢？怎样证明它们不会在海水中沉底？要是按照您的观点，大自然中就不应该存在体形如此巨大的动物。

萨尔维阿蒂：为了更好地反驳您的理论，我先问一个问题：在平静的死水中，你是否见过既不下沉也不浮起、一动不动的鱼？

辛普利丘：当然，谁都见过。

萨尔维阿蒂：这个众所周知的现象恰好说明了一点：鱼能一动不动地待在水里，是因为鱼类整个身躯的重量和水的浮力相等。我们知道，鱼身体的某些部分比水重，这也就意味着肯定还有一些部分比水轻。只有这样，鱼才能在水里保持平衡。如果骨骼比水重，那么鱼肉或其他的器官就可能比水轻，这些较轻的部分会将骨骼的重量平衡掉。

水生动物的情况正好和陆生动物相反：陆生动物必须用骨骼来承受骨骼与肌肉的重量，而水生动物不仅要用肌肉承受肌肉的重量，还要用肌肉承受骨骼的重量。因此，巨型动物可以在水中生存下去，却绝不可能在陆地上存活。

沙格列陀：我赞同萨尔维阿蒂先生的观点，他提出的问题以及对这个问题的解答堪称完美。听了他的分析，我在想，如果我们将一条大鱼拖到岸上，那么在它的骨骼之间起到联系作用的那些结构很快会断裂，它的整个身躯就垮塌了。